大展好書　好書大展
品嘗好書　冠群可期

大展好書　好書大展
品嘗好書　冠群可期

成功秘笈③

企業教育訓練遊戲

楊宏儒・編著

大展出版社有限公司

前　言

自政府提倡九年國民教育後，學生就開始不很用功，反而只熱衷於打棒球，使棒球蔚為風氣，而那群人目前已成了社會的中堅份子了。

其實，新的教育制度根幹是注重個人個性發揮的哲學。「學而做」之意，即是由自己參與學習生活中心的學習方式。

對賦予聽那些言語乏味的老師的人而言，「教育」這個字眼，令人產生過敏；說這是個忽視個性、奪取自主性，人性歪扭的教育，實不為過。尤其是最近更被認為「生涯教育」——教育是終生必須接受的。

但是，各位仔細思量一下，人類的生活既是各個人本身個性得以發揮，並互相努力過著快樂的生活。因此便不斷地改善和渴望「今天比昨天好，明天比今天更好。」這就是所謂的終生學習吧；也即是不管何時何地，和任何人都能快樂地學習。

這裡介紹的學習遊戲方法，最近的教育改革如同棒球，即是自己具有興趣與關心學習規則，藉著積極去參與遊戲經驗的學習法；這也是促進人格成長，以及學習組織的連帶性極為有效的方法。

社會正邁向遊戲學習的時代；由自己主動參與選擇，透過體驗去獲取自由的方式，和團隊精神，並使集體生活活性化。

目錄

2 教育訓練遊戲之著眼點

3 教育訓練遊戲之意義

【第二章】　教育訓練遊戲的實用

5 解決問題遊戲
~團隊發達成熟階段①~

6 意思決定遊戲
~團隊發達之成熟階段②~

【第三章】領導者之心得

第一章 教育訓練遊戲概要

1 教育訓練何以必要？

1.向謎題挑戰

首先向下面的謎題先進行挑戰。

這裡有十五個數字。請各位想想這些數字表示些什麼；這並不考慮十五個數字的關聯性，而是猜猜每一個獨立的數字，到底所表現的是什麼。這即是數字猜謎遊戲。譬如7的數字，各位會立刻聯想到什麼呢？它可以代表 luck-7、一週七天、七夕等等。

就如同這種方式去聯想；在限制時間兩分鐘內，每個人默默思考全部的數字。不可看隔鄰者的答案，也不能與人磋商，完全是由你自己一個人在限制兩分鐘的時間內，若能將這些數字聯想出來，就顯示出你是位了不起的教育訓練者。即不需要閱讀本書學習以遊戲為中心的教育訓練。可是，如果你無法把這十五個問題全部聯想出來，那你的頭腦也欠缺彈性，不適於從事教育訓練者，因此，你就非得閱讀本書，以獲得某些啟示。

問題如下：

(一)11、(二)88、(三)18、(四)24、(五)37、(六)60、(七)99、(八)166、(九)117、
(十)112、(十一)365、(十二)123、(十三)747、(十四)1013、(十五)928

（答案見本書最後頁）

若你在兩分鐘內仍不能解答出來，可再思考三分鐘，或者和幾個朋友相互切磋，也許比起一個人苦思百想所得到的答案會增加許多呢！

各位不妨想想，猜謎或遊戲都是饒富趣味；它不但會令人產生好奇心，對解決困難的問題的動機也有所助益。

同時，經過多人磋商的結果，總比自己一個人思考所獲得的答案提高很多；而且也能領悟出和別人研商，對於解決問題方面，是非常有效的。

因此，促使意願提高、互相協助以解決困難的教育訓練，目前正在盛行中。也可以說是時代的趨勢使然。也讓那些喜好電視遊樂器、個人電腦的人了解人際關係的連帶性是多麼重要，亦是他們學習的最佳途徑。同時，更能形成上班族之活性化有裨益的團隊精神。

2. 時代價值觀的改變

經過經濟成長期、安定期及目前文化價值時代的變遷，時代的價值觀也在遞變中。所謂經濟成長期，無非是想盡速超越先進國為目標的口號之下，以科學性與合理性邁向效率化之途。社會均以共通之經濟價值為優先的。因此，簡言之，人心和熱能都是以經濟價值為前提推行教育訓練的。

有道是「豐衣足食後，懂禮節」，只有在富裕的經濟情況下，才能獲得滿足，社會的價值當然隨之產生變化；而這種變化並非是劃一性的，而以轉變個人個性之發揮為方向；可謂由差距來區分價值。這無異是表明量的價值時代已成過去，質的價值時代取而代之；一般人都以為必須使自己和別人有差異，才是有價值的。這也就是和從大量生產、大量消費的時代，轉變成多品種少量生產的時代之情形雷同。

目前的情形究竟是如何呢?追求個性化和質的方向已經產生了陰影；那就是因為急速追求個性與質之方向，反而導致孤立化、獨占性開始要檢討。從這些現象中形成了「共生、共存」之社會規範。由於大衆的自覺——必須彼此同心協力，互相幫助才能生存。而不應一味任性，這也是社會所不容的。

教育訓練的領域，也順應著社會的變遷而變化。在經濟成長期，都是依賴集合訓練或定期化的教育方式，把人們塑造成同一模式之猛烈訓練法。

到了個性化時代，應用了心理學來強化個人性格或意願，或有關於人生設計的生活方式等等，使得課題範圍更行擴大。

現在亟需共生與共存的教育訓練方式。也即是一起相互依存，在工作崗位上互相協助。因此，必須要有加深彼此間的相互瞭解，以及能促進集團間之協調性的教育訓練方式。以遊戲為中心的教育訓練，便是具備著尊重個人意志和自由，以培養團體間之協調。因而，這個時代就是需要有訓練能彼此尊重和分擔責任、義務，並處處為他人設想，也為組織群策群力態度的教育方式。

3.以講義為學習界限

教育訓練大致分為ＯＪＴ和Ｏｆｆ‧ＪＴ兩種，ＯＪＴ又名在職訓練，即一面工作一面研修；而Ｏｆｆ‧ＪＴ則是在工作崗位以外之訓練；即離開工作外所進行之工作，包括與工作無關之教育訓練；雖與工作扯不上關係之事，也要一併學習，卻是有計劃性的，其目的旨在提升對工作方面產生有助益之作用。

然而，ＯＪＴ或Ｏｆｆ‧ＪＴ的訓練多半是偏重於以講義方式單方向傳達方式，意即傳統式的縱型教育訓練。雖有其特徵，也不是不好。如圖１—１所示，縱型訓練法是由指導者Ａ對Ｂ以下之學員直接傳達自己的知識和經驗。這種情形，等於是所有接受指導的人，必須全面性的依賴、服從指導者Ａ；而Ａ也能將自己所擁有之知識與技能，有體系的做單方向的表達。但若是被訓

圖1－1

相互作用型（橫型）　　議義中心型（縱型）

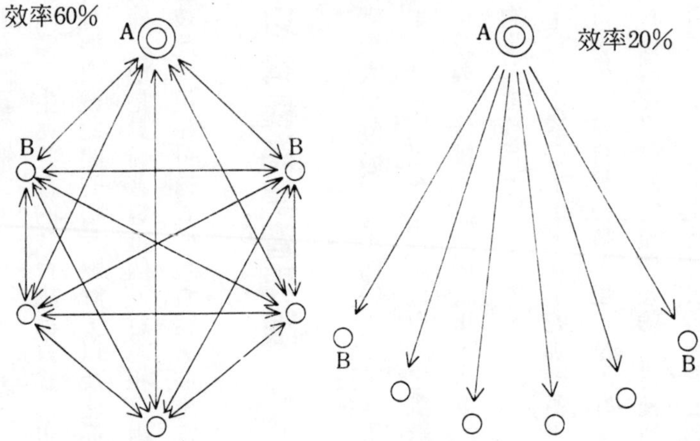

練者之關心低落，其接受率自然降低。據某個研究顯示，僅單方向傳授知識灌輸的訓練，效率約為二〇％；意即其傳達之內容，只被接受兩成左右；這不啻與蒸汽火車頭之熱能是同理。

橫型教育方式，則是指導者A和被訓練者B以下的人並行。可稱為互相為主體的關係，也是彼此承認獨立與自律的關係。這個教育訓練的特徵，就是靠相互觸發而學習的，即希臘哲學家蘇格拉底倡行之助產士方式；這是必須各自對於學習具有積極主動參與的意願，才能成立的。與縱式二〇％的效率相較之下，橫型教育方式則可達到六〇％。

以遊戲方式之教育訓練，即是橫型教育訓練特徵；遊戲不但具有新的規則，同時還可發揮和以往不同角色之功能，因為新鮮有趣，更能提高參與意願了。以講義作為學習重點，它忽視了參與的條件，也受到了效率的限制，相對的，遊戲型的學習，就更見逸趣橫生了。

4.個人電腦的風行

這個世界已邁入個人電腦化時代。處處可見玩電視遊樂器的時間比看電視來得多了。而個人電腦具有三大特色。

第一、可由自己選擇的判斷力；憑自己的感覺和判斷為基準而參與，就是注重個性的表現。

第二、有謂虛構世界，意指自己本身並未實際受到傷害。即使沈浸在遊戲中蒙遭損害，也並非發生於現實世界中，大可安心與之一搏。這和模擬訓練的杜撰事件，有異曲同工之妙，反而可以毫無顧忌地活躍其中哩！

第三、就是有意外性。雖然明知遊戲的結果會如何，卻極欲知曉其過程究竟會發生些什麽事。這也即是意外性有趣之處。人生有趣的道理也就在此；不管是在人生旅途中經歷過多少滄桑，但最終便會有意外性的發展。

而個人電腦便是具備有能使個性得以發揮、自由參與、意想不到的意外等極現代感的特徵。對於具有這些行動徵象的人而言，過去那無生趣的講義訓練方式，他們是斷然不會接受的。

所謂「新酒要新瓶裝」，有必要開發適於個人電腦群的教育訓練方式罷！

2 教育訓練遊戲之著眼點

1. 要有衝勁

遊戲應具備有神奇有趣、期待意外性之發生、自己能當主角的要素，才會有樂趣可言。而教育訓練的遊戲也是有促進每個人提出強烈意願的特色；能讓每個人自由參與和發揮，而得到良好效果之學習方法。

一般而言，所謂「用功」、「學習」只是予人被強迫做些無趣之事的形象，完全喪失了個人之自由意志。因此才會缺乏幹勁；人要有衝勁，才會湧現無限的自由意志。當然，因為好奇心具備遊戲要素，因而才能引導出有創造性之遊戲能力。

2. 打鐵趁熱

「打鐵趁熱」是用來形容使用煤炭與鐵的工業時代；把鐵燒成又紅又軟時，便可打造出自己理想的型態。否則，一旦冷卻後，再使盡畢生精力，也徒勞無功的；因此，這意謂著凡事需一股作氣，才會有鍛鍊的效果。

而教育訓練也是如出一轍。對那些年事已高、食古不化的人，即使有再精良之講義，其效果亦不彰。最重要的是對那些年輕，頭腦富彈性的新進人員從事新方法的教育，才效果卓著。那是因為他們對工作及當社會人的態度，還保持在未知的狀況。

這種情形就好比在純白的畫紙或畫布上著色一般，他們對社會和工作仍然抱著新鮮、純潔的想法，所以才全憑自己的判斷選擇而加以著色。此時，可依著自己的決斷，在需要修改處順利的塗抹上另一個全然不同的顏色；這並非迫於無奈，而是全視自己年輕而聰明的頭腦所選擇的，這點對他們來說，著實是很重要的。而遊戲的學習方法，就兼備這些條件，故合乎「打鐵趁熱」之格言。

3.尊重個性

教育訓練本是個人學習方式，也是用以培養人性與能力的方法。但是過去只是偏重能力，往往忽略了人性的訓練方式，能力成了社會所需求，也是被篩選出來作為衡量的標準。這是偏差值教育最典型的例子。完全無視人之特性，而是以社會共同的尺度作為評價準則，即為配合這種狀況而進行的教育訓練。

是故，這不是個重視人格，只顧慮教育的結果是否能將能力活用發揮，所採用的由外而內（outside.in）的方針，從事的教育訓練，亦即個人為因應社會或工作上所需求的「能力期待值」，被迫接受的訓練。所以，根本是不重視人格，只著重於社會或工作所必須之能力評估。

然而，現在時代不同了。這是個認為人格、人性之發揮與工作或社會的發展有息息相關的時代，故可稱為由內而外（inside.out）的教育，也是尊重人性與人格，以及能充分發揮個性的時代。因此，非常重視個人的自由意志之發揮，雖然人類是各自為體的存在，但卻期望能創造互相信賴的關係，以建立優良的工作環境。

4. 以他人為借鏡

有些遊戲可單獨玩，但若能和多數人合作玩遊戲將更為有趣；透過和不同個性的人互相接觸，才會產生意想不到的意外性。由於與他人交流之逸趣橫生，因此將獲益良多。

有句古諺「別人是自己的一面鏡子」，這也就是教育訓練的中心目標。遊戲全是出於喜好，並不需要被教導。因此，經常是在和別人的交流中突然領悟出某些真理來；也就是看到別人的行動後所產生的頓悟。頓悟者，即謂觀察了別人的舉止行為才自我發現的。可見，意外性也常是經由他人教導而來的。

正當自己耽溺於遊戲中，和別人交流時，彷彿受仙女棒點醒般，突然對遊戲架構有所頓悟。這情形就彷彿網球的練習板一樣；從自己打出去的球，碰到練習板又彈了回來。但經由自己調整姿勢後可打彈回來的球。如此這般地，在遊戲中因著彼此的搭配，可由此學習許多新的事物。

5.三人行必有我師焉

所謂的「三人行必有我師」之意，即是集思廣益。團體遊戲除了尊重個性之外，一面把多數人的力量以乘法予以匯集起來，就是把加法的力量轉而為相乘效果，其力量足以驚人。換句話說，以能與他人交流，便可發揮更大的效果；而教育訓練何以藉團體為進行的原因，即在於讓人深深體會到團體的力量是多麼的重要。

凡事都在覺得有趣、進展順利之際，才會發現一股莫名之力量；若能集合多數人的力量，當然會產生無限的力量了。誠如論語上說的「三人行必有我師焉」之理相同。從遊戲也可讓人經驗到群體莫大的力量；一方面了解到尊重他人個性的重要，一方面又可領悟到從團體中產生強大之力的要領。

教育訓練的重點，並非以個人力量為出發點，而是藉著互相合作而生之熱能與創造性為目標。

6. 做、看、想

教育訓練遊戲非先行參與不行，而且還要有積極的態度，才能體會遊戲之樂趣。其旨在非但要身體力行；思考前雖以活動筋骨為優先。但是，在體驗中別忘了用雙眼觀察，而後再行思索探討。其順序之重要性在此。

一般評論家並未經歷過任何體驗，便將其所知之事分析、教導他人，他也應先自己參與才有所學習和體驗；這好比不見得熟讀高爾夫球技的書籍後，便能揮出博蒂一般；不親身至高爾夫球場練習揮桿，想揮出漂亮的一球，是絕對不可能。因此不但需要靠恆心與耐心練習姿勢或球技，更要事後檢討改善缺失。

教育訓練遊戲和高爾夫球場原理相同，若已具有良好的人際關係，又有得以發揮能力的環境，則需先親身去體驗，才更有意義。

曾有個評論家言道「走路前，需先思考」，這句話用之於遊戲上，即是在一面走，一面反覆思考，學習才會有好成果；而體驗學習的真諦，便是每個人以其變化過程為學習的中心課題。

3 教育訓練遊戲之意義

1. 人格學習三法則

有些人認為一旦畢業後，又何需再孜孜不倦地用功?對於踏入社會還需要再接受訓練，感到十分不耐。的確，進入社會無需受教育，重要的是能學以致用，應該是將自學校所學之技術或知識應用於工作上才對。

其實，在工作中所吸取的未必是技術和知識，而是人格教育，亦可稱為涵養學習，這也和生活態度密不可分;這包括與人生的課題有關之形態，而教育訓練遊戲也就是這種修養人格之學習。故不妨解釋為只是學些雕蟲小技之原則或遊戲方法來操縱別人姑息的手段。

教育訓練遊戲非僅要掌握基本的人生觀和人格修養，而且必須要活到老學到老才有意義。接著，就介紹人格修養之三原則。

(1)「憑自己的力量成長」

人是在學習中成長的。憑自己的意志力、自主性選擇問題，經過判斷後才得以不斷地成長。肯定、尊重「成長之意志」「自我實現之慾求」中所謂之人類基本資源為第一原則。

這不須受制於人，或被迫改革，每個人既是各個主體的存在，也都具有特性，因而需予之尊重。所以說每個人學習的過程都各有不同，就是不同才產生個性，而其差距也要被尊重。這得依學員的自主性、主體性、自律性之相互配合，人格學習才獲成立。

這不是指非用一成不變的程序一味地用強迫方式塑造成為一種模式；領導者的任務不但要尊重人格之成長，並且要懂得輔導學習的人成長。是故，從事教育訓練者有必要重新省思基本人生觀。

(2)「人之成長，在於有良好人際關係、個人權利獲保障、相互尊重環境下茁壯」

在彼此猜忌，充滿不安或不滿的氣氛，受不到應有之尊重，容易造成人格成長阻礙。人們強烈的警戒心猶如躲在厚重的殼裡，把自己重重地封閉起來。

因此，若能放鬆心情，愉快地與人交流才能促進人格學習的動力；在敞開胸襟、相互信賴的情況下，人格成長才有立竿見影之效。

保障個人權利、建立互相尊重的環境，就是領導人的任務；身為領導人物者，就應有健康的心理狀態，懂得尊重和信賴他人的人格修養為基本條件；他既是從事人格教育者，不容置疑的要有正確的人生觀。

(3)「人類透過與人接觸、靠自己力量改變價值觀、態度和行動而成長」

人格學習不是依賴孤立化發展的；由於藉著相互體驗中交流而成的。價值觀受到衝擊，才在彼此詢問過程下，再重新建立自己的價值觀；因此可知，在與多人接觸的情形下，往往獲益匪淺。這完全是由自己作抉擇的，因此可稱為自我摸索型的學習方式。

由此推衍，人格學習並非是教育，而是共育（互相成長）。以遊戲為主之教育訓練，亦以相互作用為媒介之共育方式。

2. 教育訓練遊戲之特徵

以歸納性體驗學習法的教育訓練遊戲有三個特色。現在列舉如下：

(1)橫型學習法

一般教育訓練方法大略可分為橫型與縱型兩大類。縱型是指導者向學員直接傳授自己的經驗、知識；此法是參加者盲目地接受由指導者所傳授的知識體系和技能，並且絕對地依賴與服從。它也多半以講義為主。

與之相較，橫型之教育訓練遊戲則以彼此互為關係並列的方式，本質上是互為主體狀態，而且指導者和學員之間都認同獨立性和自律性而進行學習。如表1之1就是「學習方法的比較」。縱型的單方向之傳授法，可以灌輸有組織、有體系之知識和觀念，對其學習成果，便有極為客觀的固定法則為基準。

至於橫型的學習內容是以個人的態度和價值的主觀世界為主的，故其評價方式便無法獲得客觀性了。可是，由於在互為交流的接觸過程裡能主動地去學習或體驗，因此，學習成果也因個人的態度、行動有所迴異。是故，橫型之領導者或學員間的媒介，深深地影響到學習的成果了。

(2)學習規則

遊戲是有規則的，而且要守規則才更生動有趣；這種學習法便是以遵守規則為重點。若能由任何人去解說，那規則就無存在之必要了；故需會員確實遵守，才能適應所有狀況。

表1—1　學習方法的比較

	教導者	受教者	主要學習內容	傳達方法	評　價
縱　型	權威的	被動的	知識・觀念	單方的	客觀的
橫　型	相互的	互動的	態度・價值	交流的	主觀的

遵守規則之要點，和角色扮演法道理相同，其著眼處未必限於舞台，可隨時訓練自己扮演某個角色；也可以說成在有優良的環境設備下去體會人際關係之重要性。換句話說，也是在心理安全的建設界限中作嘗試錯誤行為之學習。雖無法從正面經驗挑戰，卻可在擔任扮演的角色或表演中領略到許多新的事物，而這正是它最大的優點。

另一方面，對角色之認識，如能掌握到整體的需求、自己應盡之責任等，可自不同的角度客觀地審視自己，獲得更廣闊的視野與認知，如此方能更為切實執行任務。

(3)團體之回饋

教育訓練需和他人或多數人作體驗交換，這種方式不僅影響別人，也會受他人影響，亦即富有相互性，才具有學習價值。往往於學習過程中，循著回饋作調整，更能收到學習良效。可謂相互支援之方式。回饋是將自己的感覺坦誠地交流，絕非是互為批評；即是提供其學習素材。因此任何團體都需具備連帶感、信賴感，否則在學習環境不夠周全下，效果也相對地減低了。

如能使回饋作用活絡，團隊的力量也相形地加強；而團隊的力量既是在相互交流的過程中才蘊育出來的，當然不可等閒視之。因此，有和諧之氣氛，相互作用運用得當的話，必然會有意外的收穫。而遊戲的樂趣之一，便是讓人認識團體之力量。

3. 學習之步驟

教育訓練是依據個人主體之自覺的體驗學習。與其評估成果，不如期待學習過程；意即為一邊嚐試體驗，一邊重視學員學習狀況，有此領悟才是學習之根基。故其重點在於過程的進行。

體驗學習步驟分為做（do）、看（look）、思考（think）、成長（grow）等四階段。第一為「做」，是由自己積極去參與；或許剛開始會遭遇到和以往之學習經驗迥然不同之事，或許也會因而使人生觀有所改變，但這卻是學習的第一步。以此類推，不僅要用腦筋思考，還必須身體力行，能實際去做才有所獲的觀念，就是能將生活體驗反芻探討。

第二個步驟，是把體驗所得重新省視；即從多層面的錯誤、嚐試，先作整理再予取捨，其心得究竟為何？以及自身對這些有些什麼看法等等…。

第三步驟，是把體驗學習加以整理後，再創造出屬於自己行動之基準為抽象化思考的階段。

圖1—2　學習之步驟

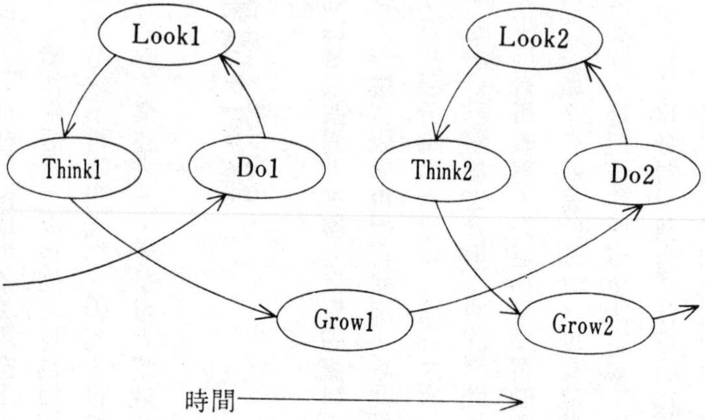

若不將體驗加以應用，結果只是個人內在經驗與主觀世界罷了；可說只是把個人體驗，為了普及性，而使用言語客觀化。

第四是能在各種錯誤嚐試中所體驗之事完全消化，更加以靈活運用成長之後，又再向新事物挑戰。所以，所謂之學習，就是經由多方面的嚐試、取捨，使自己的行動範圍擴大之展開方式。

圖1之2便是學習步驟之圖示。先體驗→觀察→思考→再採取行動為其順序。這種過程也表示是一種歸納性之學習方法。

至於教育研修，則是以知識、概念為經，再將所學活用為緯的演繹式方法的推進程序。而教育訓練遊戲恰恰相反；必須先體驗，再整理之學習過程。因此，以其個人參與動機和意願，是為學習成果的關鍵。

圖1—3　心靈四扇窗

被他人＼自身	已知	不知
了解	(A) 開放領域	(B) 未發現領域
不了解	(C) 未開放領域	(D) 未知領域

4. 被期許之效果

教育訓練有些什麼期待效果呢？它可以提高偏差值、或使上班族遲到次數減少或在工作時方便溝通。但站在人格學習立場，卻解釋成是因藉著人格成長的經過，方才使溝通更為順利。

現在就根據「心靈四扇窗」與教育訓練遊戲效果之關係加以說明。圖1之3是其說明圖解。上下左右各分為自己和他人部分，又將已知、未知分割組合，以此劃分成四個領域。(A)是對自己本身充分了解，同時他人也十分了解之狀況，而謂之為「開放領域」。(B)是自己並不十分明白，或一知半解，而他人卻瞭若指掌，自己茫然不知現象，稱為「未發現領域」。

圖1—4 (A)領域之擴大

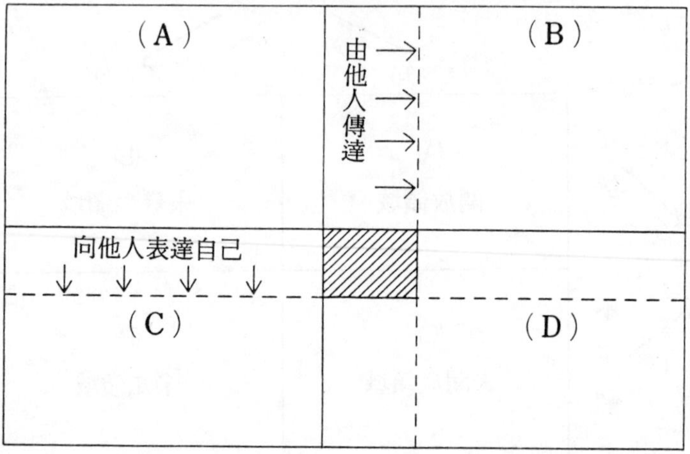

至於(C)，則是自己非常了解，卻未告之別人，而他人也毫不知情，視為「未開放領域」。而(D)是不管自己或他人都不了解的所謂「黑暗期領域」—未知領域。

譬如；(A)的例子是認為自己很肥胖，他人也認同這種看法，所以是公開的。(B)是自己毫無所覺，別人卻清楚地發現，這情形和「國王的新衣」相同，即是經常喜歡在別人面前摸眼鏡，自己渾然不知，而且還需由他人提醒或暗示者。(C)是有意掩飾自己之缺點，不讓別人視破。(D)是未開拓之領域，故無所了解。

(A)的領域愈擴大愈具安定感。但是，如果有一天某人突然說「你好像帶點神經質」的話，由於自身並未所覺或認同，一定會讓他感到有點驚訝，也許因此對你產生懷疑。反之，若是彼此情誼篤厚和親密，即使對方並不苟同你

圖1－5　學習效果說明

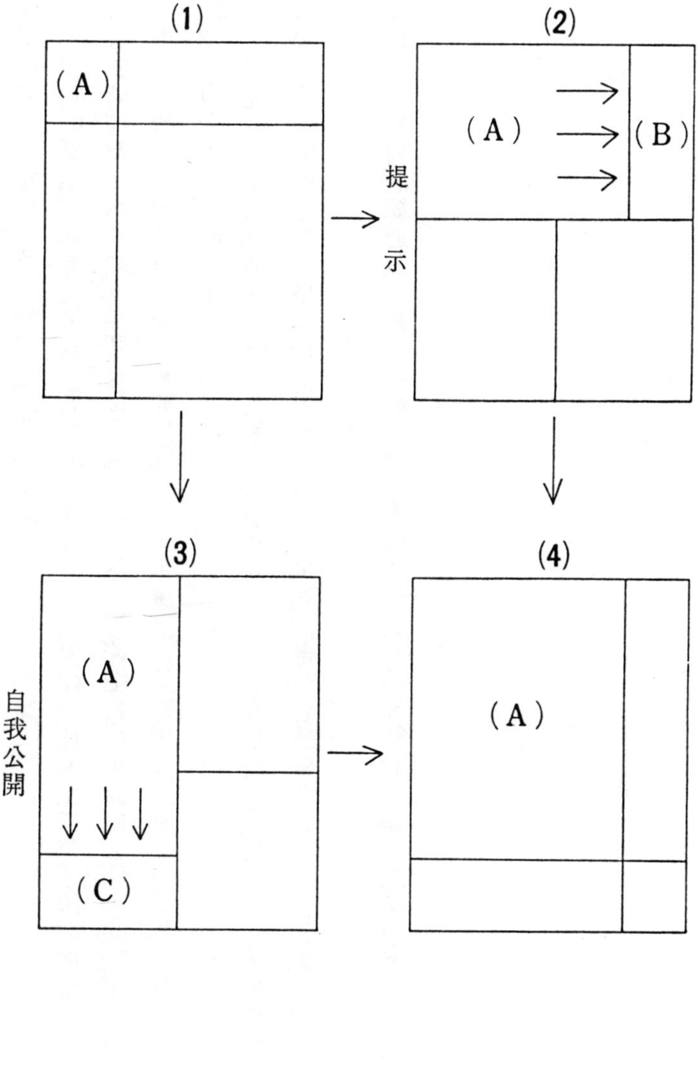

的話，卻也不予反駁；這就表示接受其提醒。因此之故，(A)之領域可擴及(B)，使開放狀況更為廣大；而且是經由別人之提示，才了解自己原先不知之事。

再則，(A)和(C)的領域，如能將掩飾之弱點開誠佈公，那麼便能予他人更加深了解的機會了。如圖1之4。(A)若擴及至(B)及(C)，也即是接受他人之提示，又能把自己坦誠地公開，除(A)更能將領域擴展開來，同時畫斜線部分（即(D)未開拓部分），也讓別人清楚地去了解，有此相互作用，以往未知的部分也令人一目瞭然了。

圖1之5是說明。而教育訓練遊戲，更應透過與他人交流，形成互為信賴關係，回饋和積極地努力去發覺自我，才能達到人格學習之目的。而且，未知的部分也將鮮明化，且得到新發現和創造的新力量。

這些即是說明教育訓練遊戲，是自我的拓展與形成與他人互助、彼此信賴而加深學習效果之關係。

第二章 教育訓練遊戲的實用

1 緩和氣氛之遊戲
～團隊發達之初級階段①～

首次的聚會，或從事新企劃案，多半彼此是互不相識的。因此，乍開始小組會議時，難免持有緊張，不安等複雜的情緒，使得整個小組氣氛有點嚴肅。

面對整個團體的初期狀況，如領導者能有效地感情交流最好，但儘管他多麼努力，也難收成效。因而必須用促進全體學員共同參與才有效的方法，以緩和氣氛，使其交談順暢輕鬆為要。

此處介紹能幫助領導者具創意，使團體氣氛緩和、有效地培養團隊精神的三個要領。

1. 印象測驗（遊戲①）

俗話說「人不可貌相」，的確是不能憑第一次印象來判斷對方的。但不可否認的，初次印象卻是那麼的重要。如應徵時面對面的情形，就可說明第一次印象的重要性。

雖然想了解別人是很不容易的事，可是卻要儘量試著去了解。這種遊戲便適合以分小組方式作第一次的見面。在初次蹤面時，彼此不免緊張，自我介紹容易流於形式，生疏感依然無法消除；此時的遊戲可硬性規定寫下對別人的第一印象，促進親近的動機，有效地緩和了緊張之局面。

同時，藉此也能了解他人對自己的感覺；記下自己對別人的印象可稱為「知己知彼」測驗法。故領隊可以把這些方法用之於成員，有利氣氛緩和，促進情感交流，並加深學員間之情誼。

(1)目的

①簡潔自我介紹。

②加深相互了解。

③緩和會場或成員緊張場面。

④為促進了解，以提供資料說明要旨。

⑤加強交談媒介。

(2)準備

①**人數**　一組以五、六人為限。人數過少，除反應不熱烈外，容易造成受某一發言人之左右。但人數太多（約十人），會浪費加深印象時間，每個人的判斷缺乏正確性。所以，領隊為能達成在有限時間內，提供正確資料起見，應以五、六人一組，多編成幾組便行了。

表2－1　印象遊戲例題

問題 ＼ 姓名				1	2	3	4	5	本人
問1	喜歡之季節	1.春 2.夏 3.秋 4.冬	A						
			B						
問2	血　型	1.A 2.B 3.AB 4.O	A						
			B						
問3	喜酒種類	1.洋酒 2.日本酒 3.啤酒 4.不喝	A						
			B						
問4	想至那國旅遊 （自由記述）		A						
			B						
問5	喜歡之顏色 （自由記述）		A						
			B						
合計									

②**會場**　最好是組員能齊聚一堂，當場編排組合，具有各自記錄與他人交談之場地。

③**材料**　備以B5大小之紙和筆。（請參照例題（表2－1）之格式）

(3)所需時間

全部需時三〇至四〇分鐘。

①說明遊戲規則及分發測驗紙，約五分鐘。

②記載印象，需五分鐘。

③回答記載發表，約需五分鐘。

④差異之發表，得十分鐘。

⑤檢討彼此了解之溝通，約為十分鐘。

⑷順序與進行過程

①遊戲方法之說明如下：

「現在開始，請各位寫下自己對別人的第一印象。雖然人是不可貌相的，而且，第一次的印象未必是正確的，但是，卻可確認彼此的感覺如何。發給各小組的紙上有姓氏欄，請把每位學員的名字寫上，但不必記自己的名字。為了能彼此能看到對方的面孔，請以圓形方式坐。

第一要先作對他人之評定。請從第一個問題逐一往下看。憑自己的第一印象，把認為對方最喜歡的那一個季節記載下來；無論選得正確與否，務必要圈選一項，而且是全靠自己初次的印象。為此，所以不能先行交談，或看他人所寫的。至於自由記述那兩欄，國家、顏色之名稱不可太難；可從主要的二百個聯合國盟國中挑選，再記下自己最初的感覺。

A欄記錄完畢後，接著請在「本人」欄內，誠實地寫下自己的感想，為求其真實性，請大方地寫明，各位可完全明白這個要點嗎？」作以上說明，再接受質疑。

②開始　剛才之說明獲得充分了解後，便開始指示。（約十分鐘）。

③**記錄說明** 全員記錄結束後，再指示學員朗讀自己評定那一欄（最後的本人欄）。其餘學員乃將其答記入其人之B欄；而B欄正是他本人所選之答案。由此可識別由自己對別人印象和對方本身之回答之記錄正誤。

由於B的答案是正解，故需將A和B作對照，再求出其正確答案，把它記在紙最下方的合計欄內。若能猜對六成以上就很不錯，但也因人而異。

④**交談** 若設定有誤，則需耗費更多時間作彼此的溝通；亦即想加深相互了解，就應消除緊張感而自由交談；從這種回饋的情形，可讓過去未曾經歷過側面的自我與他人之了解更為深刻。

當然，也可詢問別人對自己的觀感，也可明白自己予他們印象之好惡。也許可自此發現，原來自己看自己，和別人看自己是有所差距的；尤其是色彩方面，更出現自己的喜好與他人的描繪相去甚遠。

不僅是要比較結果，並以此結果為線索，領隊才能助長各個學員打開心房與他人展開對談。同時要留心的是某些人喜歡中傷別人，或有自我虐待傾向，故有必要輔導他們在和諧的狀況下進行溝通。

在遊戲裡，也能於不知不覺中培養自己更努力去了解他人之態度，或能領悟出憑初次印象是無法深入了解別人的，而且在作深入交談後，還可訓練團隊精神。若有新人加入時，更具緩和團隊氣氛效果。

(5)遊戲之應用

印象測驗需按例題方式進行方可。而且還得配合場地、時間、狀況等同時運用。能讓學員參與問題之製作更好，讓全體學員能愉悅興奮地進行之技巧，是身為領隊的責任。

雖然列舉了簡單的應用法，然而，在人數偏少時，就不應限定於加強溝通內容，只需以口頭將問題唸出來，再以「是」與「否」中，兩者擇其一的方法發表其彼此之感想。諸如「悅山甚於悅水」，以此情況，正確答案只有五〇％，而且還能多準備些問題，亦不失為良方。

再如喜歡或欣賞異性之典型與臉型，或以擴充度過休閒活動方式為範圍，作為取捨參加學員所需之問題的參考。

2. 計劃介紹遊戲（遊戲②）

和陌生人聚集一室，首先需從自我介紹開始。於是，在嚴肅的環境中，很多人會用探索的眼神望著對方，自己卻甚覺卑下，因而神經不自覺地緊繃起來。當然，也有無所謂、毫不在乎者，亦不乏利用機會自我宣傳或自我表現的人。但一般說來，都會有緊張現象；就是因為一面在期待，一面好奇中帶著些不安，所以才會很不自然。

在此狀況中擔任主持開會的便是領隊；但因受到周圍環境影響，領隊也會跟著有些不安。所以也會說錯話、做錯事；而既是為領導者，就需儘快消除緊張，使學員心情放輕鬆；這可利用某些活動或遊戲調適。

一般而言，常從自我介紹開始；介紹自己的籍貫或出生地、名字與嗜好為三原則。一個接著一個輪流介紹，最後反而搞不清楚誰是誰而混淆了；那就是因為愈接近自己將自我介紹的時間，情緒愈是不由得逐漸轉為慌張，根本無法沈著的聽別人說些什麼；因此，形式上是在進行自我表白，實質上彼此並不能得到深刻的理解。這時，領隊更需要有機智的輔導，使學員的介紹活絡熱鬧才行。下面所介紹的計劃遊戲是以小組分配，促進交流為目的。

(1)目的

①要有效的自我介紹。
②為促其加深彼此了解。
③以將來之希望為介紹重點。
④為培養相互評價之習。

(2)準備

①**人數**　一組約五、六人，可多編成幾組。
②**會場**　能兼具讓學員集聚一堂，從事各組隨心所欲溝通場所。
③**材料**　筆和紙（表4—2）。

(3)所需時間

合計需40分鐘。
①說明、需五分鐘。
②記錄、約十分鐘。
③發表記錄結果、約十分鐘。
④檢討交談、需約15分鐘。

(4)順序與進行過程

①**遊戲方法說明**　領隊先要說明遊戲原則後，方才能進行。下面舉例說明之。

「希望能透過各位互相的交談後，促進彼此更多的了解和認識。因此之故，現在想做個遊戲；請在發給你們的紙上，寫上我所說的話。即是「自己希望做之事」，不管使用具體或抽象方式都行，但請列舉十項。而且是目前自己最想做的事，請舉出十項出來」以這種方式，讓學員一一

表2－2　自己希望做之事

			1	
			2	
			3	
			4	
			5	
			6	
			7	
			8	
			9	
			10	

寫出。

②**記錄**　這是將所希望做的事列條寫出來。譬如說檢定考試，或每月固定存款，或計劃於兩年內至非洲旅遊，甚至於包括個人的實際計劃等等，共列出十項。

③**發表記錄結果**　先經由自己本身把記錄唸出來，再作意見交換。可以作下述之指導。「先請各位仔細看看自己所記錄之十個項目，然後在這十項中，能依靠自己的力量達成目標，圈上個㊉字，若都不符合這條件，就不必塡上。接著，便是需藉助他人之力，包含精神支柱在內，要接受他人的協助才能達成目的的，則請圈上㊎字。而後，以極客觀態度分析這十項，認為最為重要的要加上「◎」之記號，能即刻實行者就加「○」記號。

換句話說，就是試圖將這由自己所選擇的富有價值的十項，向他人表達出來。

④**反省與檢討**　在小組的談話中，先了解個人的記錄結果，再互相介紹。這一切均是期望能持續推動相互介紹。

而自我介紹常容易出現介紹自己的過去或文化遺產的通病。但是，這種介紹遊戲，根本是將個人的將來、計劃與展望作一概況解說，讓別人加深印象或認識為特徵。

(5)遊戲應用

這種遊戲不僅可列舉十項，二十項的二倍也行。因爲能廣泛地描寫，才更能多角度介紹自己。同時，為了要以交談的動機作為選擇之標記，更可以自不同的角度觀察了。例如，要實行某種計劃，需花多少資金，但對精神的健康頗有助益等設定出範疇，再配合當時的環境，領隊更可自由地展開運用。

3.卡式自我、他人介紹法（遊戲③）

自我介紹結束後，學員間的交流已有某種程度的斬獲了，卻還不能非常和諧，甚至覺得需要再進一步的了解時、便可用卡式作自我及他人介紹法。

卡式自我、他人介紹法，就彷彿撲克牌一般可以一張張順序地疊成一堆，再依序各翻一張，把卡片上所寫之指示內容向學員說明之方法。其規則是不管想做與否，都必須按紙牌的指示去做；這可由自己所扮演之任務，促進別人對自己之認識；雖然非出於自願，卻礙於指示內容之規定，需要發言介紹。但卻是因為受此限制去扮演角色之行動，也讓他人有機會發現自己深藏不露的一面。

(1)目的

①為使自我介紹多層面。
②為促進學員間相互了解。
③提昇互相詢問、聆聽應對之技巧。
④角色被設定，反而提高表演之學習。
⑤能發現人際關係和團隊力量之強壯。

(2)準備

①**人數**　一組從五人至十二人，不限幾組。
②**會場**　以能讓所有會員在同一場所同時進行活動的為佳。以圓形方式圍坐，讓彼此都能看見對方。為因應學員表演，需要保持空間，故圓圈的中間寧可不擺桌子。同時，沒有桌子可使學員間之交流更為直接，更為靈活了。
③**材料**　不限定參加人數，故可不必準備紙和筆。

各組需準備卡片；而每一張卡片上要註明指示事項（參照例文）。似撲克牌玩法之卡片堆在學員圍著圈而坐之中央，卡片數大體以學員數之兩倍最佳。亦即是說，每人要表演兩次。

(3)所需時間

前後需40分鐘

①說明，需5分鐘。

②實施時間，大約20分鐘。

③檢討，約15分鐘。

(4)順序與進行過程

①遊戲意旨和方法說明如下：

「現在每組有十人，請圍著圓圈坐，讓全員能互相看到彼此的臉孔。而在你們中間放著卡片，不管從那裡輪流，只要按順序一張張地翻。而且，卡片上載明了指示文字。諸如「請和右側的人握手，並詢其出生地」等的指示。翻到卡片者，便要走到衆人面前，依指示行動。他做完後，再由下一位拿卡片，也同樣依指示表演。每個人都會輪到。

這個遊戲是以卡片方式作自我表達，或用詢問學員而促進彼此之交流；藉著被指示表演之動作，以達到相互認識之地步，即平時不想做的事，迫於卡片之指示而非表演不可之形式，卻也能助長對話順利完成。

經過說明，接受質詢後，方法卻是由各小組進行，全部時間需約20分鐘。

②小組編成　一組7人至10人，以圓形方式坐。每小組間保持適當距離，以防聲音太大，會造

成彼此的干擾和阻礙。

③**開始**　先決定由誰抽卡片，再開始進行遊戲。接著的第二位以任何順序，或按反時針方向，或由第一個抽牌者指定也無妨。

④**結束**　經過20分鐘後，對全體的氣氛有所掌握才作結束指示；因為遊戲時間不能過長，否則容易導致反效果；應以意猶未盡的情形下告一段落為佳。

如果卡片於遊戲進行中全被抽完時，可由學員自主地寫上新的指示卡。

(5)回饋

①**敍述各自的感想**　有些人對問題早已經過設定，而強迫發言之方式不苟同。但卻希望能在有限時間，讓每個人把心中所思所想，在學員前敍說出來；在這段時間裡把自己的感覺坦率地表達，或發表表演過後之感想，互相交換意見。

②**能讓表演持續**　有些學員對限制時間的表演，或中途中斷現象有微言。但這些角色若換人表演，或許能開創另一個新局面；如時間允許，更可展開有趣之嘗試。不過，能促進學員迅速彼此了解的方法，唯有配合狀況加以靈活運作才可。

卡片記載指示例

①請就正對面的人，問他下列幾個問題，並說出他的興趣、嗜好。（約2分鐘）
②請問你左右兩旁者，說說他們的優、缺點。（一人約2分鐘）
③自會員中選出你想問之人，請他說明「過去，最令你興奮或最有成就感的是什麼？」（約3分鐘）
④選出兩名會員，請他們說說在其一生中最痛苦的經歷，亦即是「最深切之經驗」是什麼。（一人1分鐘）
⑤你對全員述說自己將來的計劃（限五年內）（需時3分鐘），而後接受質詢並回答。
⑥請選出其中一名會員，請他先談談「對中、小學之回憶」後，再敍述它對自己目前造成那些影響。
⑦設若你中了愛國獎券，將作何用途？把用途略為說明後，也可以同樣問題問隔鄰者。（約3分鐘）
⑧也可問二、三人「你最尊敬的人是誰？理由何在？或者，你覺得很快樂嗎？又為什麼？」等等的問題，話題可以自由發揮。（約5分鐘）
⑨可將一組分成三人，請他們談些「與自己父母溝通方式及對他們的觀點」。（約5分鐘）
⑩請會員依序述說「自己希望將來住什麼房子」。

(6)遊戲效果

這個遊戲以預先規定發言內容並聽取學員述說為界限，也可說是強制執行其擔任角色的交談；即由某些人來控制會場氣氛，並使齊聚之學員間保持客套，也讓他們有發揮角色之機會，把整個活動形成有聲有色之局面。

從一對一或一對多，甚至於所有學員的展開溝通，無非是冀望促進彼此相互了解。只是，限定的談話內容不但效果不彰，也阻礙了學員感情之進展。而遊戲之宗旨，就是讓學員敞開心胸，毫無顧忌地增進認識與了解的。因而，必須藉助於交談，讓彼此在感情交流中得以掌握整個局面的和諧氣氛，這才是推動團體組織之原動力。

(7)應用法

團體活動之宗旨全視學員動向、設定問題為有效果，但也可更廣泛地運用。若領導者已判斷出會員間已產生信賴，便可進行更深刻之「扮演角色法」。譬如，分派學員擔任老師和學生的角色，讓他們在其他人前表演教師斥責忘記帶作業到校之學生，任其發揮。或者，扮演課長和職員，以遲到為題材來表演。甚或拿交通取締為資料，讓學員演出違規司機向警察求情之場面等等，如果有豐富的內容，學員們於無形中便提昇其表演意念，不但於表演進行中揣摩當事者之心境，更能於客觀、冷靜的立場促進對彼此有更多的了解。

2 對人溝通之遊戲
～團隊發達之初級階段②～

上班族之人際關係在獲得和諧後，會更加地得心應手。而溝通之活潑即表示上班族或在團體間已逐漸形成了一股團隊精神了。

在人際之溝通或交流上，兩者間很多都是透過語言為媒介而分析解釋的。而努力去相互解決這些課題，也成了整個團隊精神的表現過程。

現在就人際關係溝通上諸多問題，以語言、交流方式、傳達方式，甚至包含接受對方之解釋等，介紹三個遊戲，以為研討參考。至於休閒之遊戲，也有電報、電信多種，如能把這些併用，效果更見卓著。

1. 溝通遊戲（遊戲④）

所謂溝通，即包括傳達與溝通兩種意義，故需正確、迅速傳達資訊之必要。而在日常生活中，語言便成為極重要工具。遊戲之目的，是就單方面與雙方面之傳達溝通作實驗性之比較。

即使未經過實驗，雙方面之交流也較單方面溝通更為有效得多。但卻應有即是藉著體驗方能獲得學習，而將此雙種方法作為比較檢討的認識；尤其這個遊戲更是概括以上列舉之迅速、確實、簡潔傳達所造成之促進與阻礙要素作業之深遠意義。

(1)目的

①為要比較單方面與兩方面溝通之流程。
②確認語言成為溝通之媒介。
③為了助長傳達者與被傳達者因溝通而相互了解。
④為了學習促進和妨礙溝通之要素。
⑤為了解迅速、確實、簡潔是為傳達溝通三法則。

(2)準備

①**人數**　五人以上，或更多人也可以。編成各個小組，為的是能讓多數人一起學習。
②**會場**　若有國小教室般大小為宜；因為必須考慮能讓所有成員都能聽到別人的聲音。
③**材料**　傳達用圖形Ａ、Ｂ兩張（參考例題）。每個受傳達者兩張白紙（以Ｂ6大小最佳）、

筆或模造紙等。

(3)所需時間

遊戲約需50分鐘。

①遊戲目的與規則之說明，約7分鐘。
②實習1（單方面之傳達），約10分鐘。
③實習2（雙方面之溝通），約15分鐘。
④檢討實習，約20分鐘。
⑤總整理，約10分鐘。

(4)順序與進行過程

①**導入說明**　要進行溝通遊戲，需先使用「傳達」之例題，以作為實習之動機。下面即是作法解說。

「現在就要開始作溝通之實驗。而且準備兩種之實習。第一是單方面的溝通，第二則是雙方面之交流。請各組派一位代表來向我索取傳達指示。最初先進行單方面傳達。有誰自願來擔任傳達者？（若無人自願，亦可指名）。（已經選一名後）然後由這位代表到屋外向我領取某一訊息。這名代表帶著訊息回室內，再向全學員宣佈其內容。各位就將訊息指示寫在事先已發之白紙上，但也可以口頭傳達，卻必須按內容確實去進行；但請注意，不允許發問或表示意見；完全是個人單方面的接受傳達者之指示，寫下自己的感想。而傳達者進行工作便告一段落了。若傳達者以和各位作面對面、或以眼神示意之方式，就不能稱做是單向溝通了。有道是「眼睛和嘴都是傳達工具」，故面對面就違背了意旨，所以非得在傳達者與各位間隔層木板，這樣便不能雙向溝通了。若還有不解之處，歡迎各位發問。」以此方式等傳達。

②**實習①之開始**　將傳達者喚至室外，其間約30秒鐘，看過傳達用圖形後，並接受質詢。為緩衝傳達者緊張心情，需先向其強調這純是單方面之表達。實際上，如需向全學員傳達，最好是帶著圖形A之原圖。此時，領隊更需留心的是判斷傳達者是否能沈著鎮靜地進行其所賦予之工作。雖然可能花費時間，卻必須期待傳達者能以冷靜態度達成其所預定之目標。

心理有所準備後，傳達者再進入屋內，俟其工作已告完成，實習①便也結束。並記錄所需時間。

③**實習①結束**　單向傳達完了後，便可指示全學員將自己所感，寫在紙之背面；因為這對回饋有助益。也可要求傳達者寫上他的感觸。然後便可開始檢討原圖形是否正確傳達了。

④**實習②之開始**　這與實習①同是由傳達者擔任；但這次是用傳達用圖形B，即刻回室內向全部會員傳達。此際，非但要回答會員質疑，而至得到相互了解為止；這樣也互為聯繫溝通，同時

圖2—1　傳達圖形例示

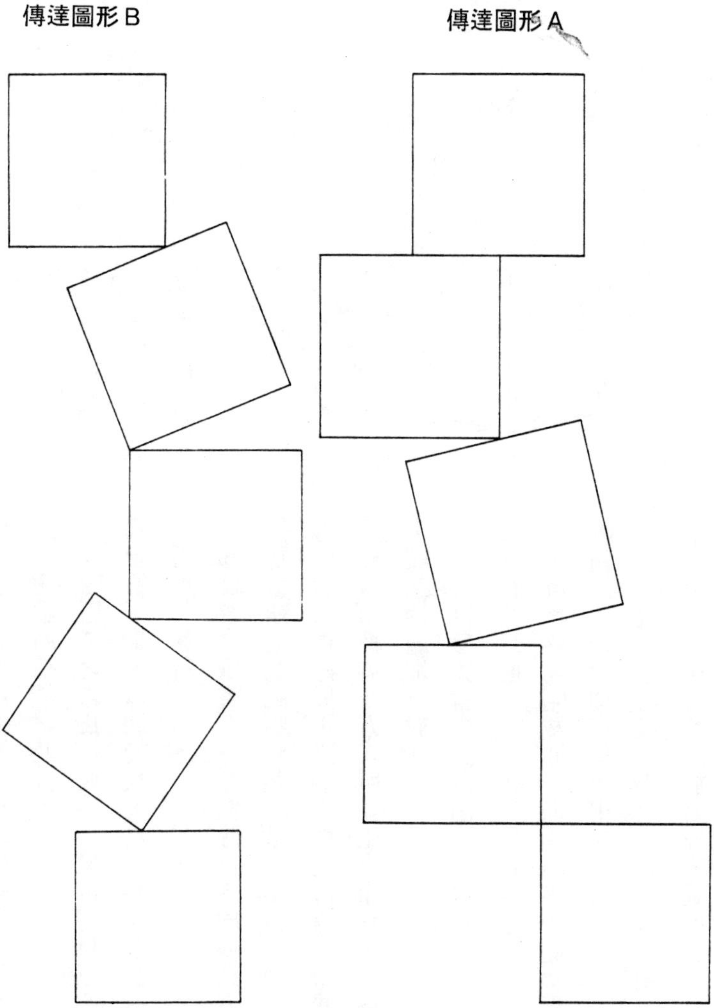

圖2—2　溝通方式

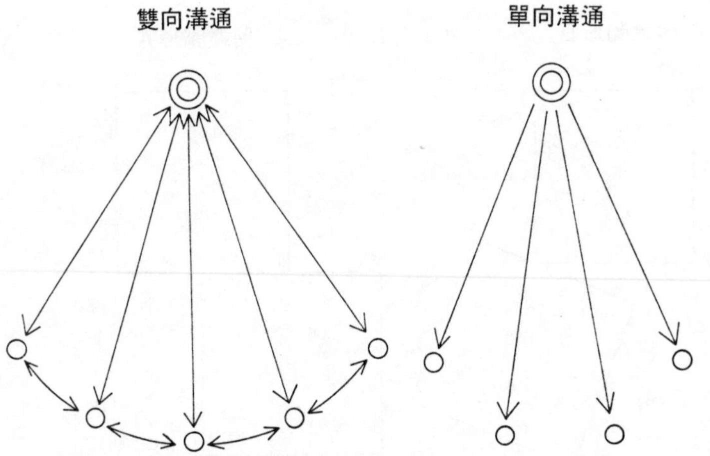

亦表示整個傳達作業已經完成終了。而且還要計算遊戲所持續之時間。

⑤實習②之終止　此時，又得將自己心中感觸記錄下來，以助於反省之資料。並調查傳達有否正確執行。

⑥實習之檢省　身為領隊首應向傳達者達成任務言謝，並說明整個遊戲的主旨，並不在於傳達者做得好與否之個人能力問題，最重要的是於這兩種溝通方式所產生之事實，故傳達者應誠懇地聽取檢討。

可自參與者中甄選出幾名來嘗試交談；把第一和第二回之間之差異，輔導學員將溝通交流之自我感觸開誠佈公地談出來，並檢視有否將圖形之指示切實傳達出來。

其次，也可以一小組五人進行自由方式聯繫，由此方可確認開放溝通方式所造成之不同效果，進而了解第二回合之實習花費時間較長，但方法卻是正確的。

⑦**綜合反省與講義**　領導人需一面解說溝通需要靠語言進行和完成，而且其過程更要求坦誠、開放，另一方面又要在現實之工作崗位上注意溝通過程之重要性，而作綜合性結論。

譬如，可以下列諸點作成總結。

1.現就單方向與雙方向溝通所產生之差距以圖表示（圖2—2）。由此圖可看出，以開放的情形才更為確認相互了解，以防錯誤之發生，進而明白利用正確方法宣導。

2.一旦摘錄在現實工作場合所發生之促進或阻礙溝通成因後，便就要研究發展改善對策。就如上司與屬下之溝通，應以雙方均為開放式的原則，結果常演變成上司單向之強迫；相對的，對屬下而言，亦在無意識中不願接受指示。所以如能一面進行檢討，一面找尋解決之道才是上策。

這個遊戲之實習，主要在強調利用語言為手段，進行雙方面溝通，才是最正確之體驗。

(5)溝通遊戲之應用

單向溝通之活用實習種類很多。舉例說明如後：

①**準備**　多少人都可以。分配各人一張白紙（B5至B6最好）和筆。場所則以教室大小為佳。

②**所需時間**　說明與實施，約5分鐘。檢討得失，約10分鐘。

圖２—３　預想之完成圖形

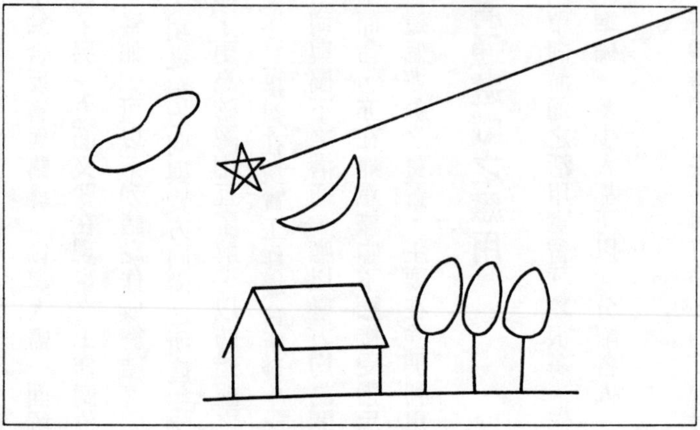

多數人描繪圖例（採直式紙）

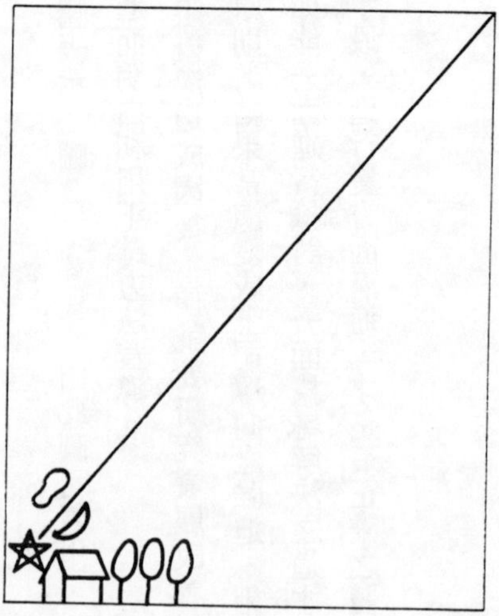

③順序與進行過程　以領隊為中心進行單向溝通之實習。下面是說明實行要領——

「現在要進行發給各位的紙，實習單方面溝通。所謂一方之通行，即各位從我所言之狀態，接受傳達之訊息就形成雙向通行；但現在是我個人這方面傳達實習之規則。

如果各位都準備妥當，就不得發問；一旦發出任何聲響，就非單方面溝通了，你們要寂靜無聲地順從我的交代便行。

馬上就開始了。首先在白紙上畫圖。從紙之右上端向左下端畫出一條線。並在線之終端，畫上一顆星星；星之右側畫個眉月、左上側畫些雲彩；眉月下方畫一棟房屋。屋旁畫三棵樹。這樣就宣告完成了」作此宣佈後，再比較所有學員所畫出來之圖形。也許會因此遭來他們畫不出來之怨言，那麼，可重複再解說示範一次，並在黑板上實際將圖畫出來；同時還要告訴學員從右上端畫至左下方之線，代表的是流星；圖2—3便是完成預想圖；經由多人之手所描繪出之例圖，可能會引來哄堂大笑或喊叫聲。可是，更應藉機向他們表示這就是傳達方式，而且並非不能做到，也許有些學員並不苟同，但卻是屬於一方之溝通，雖然利用這個方式很容易聽錯而誤導，或一知半解及溝通路線有誤等等，但這意味著這個遊戲將逐漸邁入成功之終極目標。

2. 繪畫傳令遊戲（遊戲⑤）

與人之溝通，不用語言，卻可藉動作來表達意思。尤其是在工作上能溝通，對工作尤有裨益。彼此能用語言或動作來表達，即是雙方得到實際的溝通了，就是傳達者與受信者間互相已經確認了，以致於才不易導致誤差出現。

在溝通程序中，若只是傳達者本身一味地表達，卻得不到迴響時，會發生什麽狀況呢？只是單方面的一個接一個地傳下去，這情形正如謠言經過一再的傳遞，其結果是內容愈來愈發生變化了；而在工作場所也一樣，如果傳達的事項，只是單方面的命令，並未得到確認時，後果將不堪設想了。

同理，這個遊戲也並非只借重於繪畫而進行單向傳達，其變化情況就是一種體驗學習。

(1) 目的

①為單向溝通問題能更明確化。

②為了解溝通之三大作用（追加作用、脫落作用、歪曲作用）。

③讓學員體會傳達流程。

④為更容易分析溝通過程。

(2) 準備

圖2—4　傳達例示圖

①**人數**　一組至少10名以上，而且需有三小組。傳令遊戲時，至第七、第八人會和第一個人之傳達內容有異，因而需藉助十人傳達，才能明確體會其變化過程。故而需要三個小組的理由，也可將各組之傳達結果作一比較分析，若只編成兩組，其形勢即是一好一壞之優劣比較法。一旦分成三組，也不易形成　ALL or Nothing 現象，而能作比較檢討。更糟的是，於遊戲中竟產生自卑感了，所以更需顧慮小組人數之編制。

②**會場**　身為傳達者，需逐一走出前，因此與等待時機之會員要保持適度空間。這情形彷彿於教室般，傳達者需走至講台，其他之學員坐在位子上，等候輪番上台一樣。

③**材料**　準備最初傳達用「原圖形」（圖2—4）一張。還有作好各組人數所用之連序畫紙（以B5、B6大小）及筆。

(3) 所需時間

整個遊戲需要約50分鐘。

①說明，約5分鐘。

②實行，約10分鐘。

③結果之整理與發表，約20分鐘。

④檢討和說明，約15分鐘。

⑷順序與進行過程

①遊戲說明　剛開始應舉例說明一些傳達方式或有關傳令之小故事，接著再說明單向逐一將傳令傳達下去之意旨。例如，下列之規則解說——

「現在就要進行溝通遊戲了。所謂溝通就是傳達之意，而此刻要開始的就是圖畫傳令；亦就是以「繪畫傳令」一個接一個之遊戲；各組學員需先決定從第一個至最後一個之傳令。此遊戲之意義，在於輪流傳達過程中，將第一位與最末一位之繪畫比較其變化或差異，再依其變化經過作為彼此之反省檢討。

開始時，由各小組之第一位代表先行至講台。然後，看仔細我要給予各位傳達之圖意。每位代表需持續看約十秒鐘後，我會把原圖收起來。然後發給各位新的畫紙，再請各位將所目睹應傳達之圖，使其再重現。請先回憶一下自己所要畫之圖形。第一位完成後，由第二位輪流；輪為第二位之代表，也請至講台，並持續數秒鐘仔細欣賞第一位剛才所畫之圖形；我再將第一位之圖覆蓋起來，請其在腦海裡將盤旋之圖形，以回憶方式畫在新的畫紙上。終了後，由第三位輪流上陣。如此這般地將自己所看之圖，以回憶的方法依次傳遞給下一位之遊戲；就是以這種方式傳達到最後一位，是不是很有趣呢?非但不能把規則透露出來，同時，畫過的也不能修正，更不能看兩遍前一個的畫。而且，傳達完畢後回到自己座位上，絕不能向他人洩漏有關傳達的內容；這些規則務必嚴格遵守。各位切勿緊張，請輕鬆進行罷！」

經過質疑，遊戲方法獲得理解後，才得以開始。

②**開始**　第一位需至前面；因各組均派一名代表，至少會有二、三人；而欣賞原圖的便有好幾個人。因此，只要以一張共用之原圖，而無需再加以影印，分給每一位代表。自同一原圖所產生之共識，才是最重要之前提。或者，學員若能畫出比原圖更大之再生圖，當然最好。假設原圖是B４大小，而學員畫出傳達用畫紙成B５或B６，更為生動有趣。

原圖的線條應儘量簡單。但因為人物畫容易產生差異，故可參考例圖，以減少麻煩。

剛開始畫時，可能需耗時較久，到了後半，可能成了一筆畫了，也許會比預期的進行更快。

由於考慮到各組交換傳達者的時間不盡相同，或因此而產生混亂局面，故需透過領隊之技巧來推行，或選派助理使各組之進度達到同一步驟。

⑸遊戲終了後之進行方法

①**呈現結果**　將各組一連串傳達結果之流程，貼在牆壁或黑板上，讓所有學員瀏覽回味，不但了解進行經過，而且體會其變化過程。可惜的是，卻看不出圖形於發生鉅變時，究竟是誰畫的；故可明白，這個遊戲不是因個人個性不同才有此變化，而是經由這種順序才產生的。而這遊戲的特色，也在於到最後快完成時，即使想有所變化也不太可能，因為那時多半成了簡單的略圖而已

了。

②有關遊戲之回饋與整理　各組學員要自由地談論各人參加之感想和心情。而這應是具體的，因每個人的感觸又各不相同，故更應坦誠地交換意見才是。

第二，就是要問明學員自體驗中學到些什麼？即是將自己所體驗之事，經過整理後和其他學員討論；諸如，容易誤導單向傳達之程序，或溝通所產生之差異，或憑記憶使再生之不易具真實性等等之話題，都可提出來以抽象性水準再作整理。

第三則是以彼此互相溝通，作為現實工作環境改善，或者經由硬體、心理架構，或軟體性質之提案，再透過學員之同意，或可成為具體性地改善工作上溝通之方法。

③整理　遊戲之學習體驗，是將自己感觸表達出來為前提。但一般言之，需能培養從事心理學上之分析，應用於日常生活中，才是領隊最切身之責任。

儘管希望能依照繪畫傳令般作單向傳達溝通，即使想以最正確方法進行，卻由於接受之學員的問題，必然會產生三種溝通作用。第一是 Omition —遺漏，即脫落作用；由於傳達訊息之內容逐漸被簡略化，把其中詳細的部分忽略的省略作用。第二是 Adition —追加作用；即是在傳達中，加入了多餘的情報或風聲，導致訊息內容漸有被誇大之趨勢。第三就是 Distortion —歪曲作用；為使傳達正確、迅速、簡潔進展起見，在進行中作任意解釋，反而導致正確被歪曲，也由於傳達之情報的扭曲，使得訊息內容改變了。

因此，勢必先確認傳達之過程是否有無可避免發生以上三種作用，而有研究其防止之對策的必要。尤其在工作上，更需具備這些預防措施；而且，這也並非單方面之溝通，最重要的是能建立一套完整有體系之回饋制度，加強應對在工作中遭遇困難時之能力。

3. 角落選擇（遊戲⑥）

自我介紹終了，彼此也能融洽討論後，便要加強團隊精神。這時，使用角落選擇—Corner Choice，便可獲得加深交流之機會。

角落選擇是憑個人之意志，於四項選擇條件中擇其一項，以明確其選擇價值，以及促進彼此之交流溝通遊戲。其目標有三：一是以個人立場為選擇意思決定。二是和同一選擇之同好互相交談，明白彼此間許多選擇意思決定有所不同之理由，進而了解更為深刻。三就是經由每一個相同的選擇形成一組，而由各組發表其選擇價值之優劣，作為推動競爭，與組間共同作業之啟發；除此，還可將各類問題作為課題之學習素材。

(1)目的

①為明確個人之選擇意志。

②促進與別人之溝通機會。
③認識人際關係的價值基準有差異性。
④學習與團體有關溝通之狀況的各種方法。

(2)準備

①**人數**　一組以六、七人至三十人為宜。在此並沒有特別限定，但若由一組進行，人數不能過多，以免過於龐大，不便操縱管理。
②**會場**　需具備有能設置角落的場地，雖不一定需要擺設桌椅，但為學員方便進行，最好保持適當距離。不管在室內、室外都行，但在室內更能悠閒地交流溝通和進行遊戲。
③**教材**　可自例題中四個問題選出一個出來，把它寫在模造紙或黑板上，或由領隊口唸。不管如何，可多準備幾個有關同類概念之類別，列出四種不同之名詞（如季節之春、夏、秋、冬）。

①**渡假方法**　(A)散步(B)睡懶覺(C)運動（參加或參觀）(D)賭博。
②**喜愛之小說**　(A)歷史小說(B)推理小說(C)戀愛小說(D)現代小說。
③**喜歡之搭乘物**　(A)船(B)飛機(C)汽車(D)火車。
④**喜愛之電視節目**　(A)運動(B)社教性(C)音樂(D)電視劇。

⑤喜愛之食物　(A)拉麵(B)漢堡(C)高級果類(D)咖哩。
⑥喜愛之學科　(A)外語(B)數理科(C)國語(D)音樂、體育。
⑦職業生活所需之物　(A)收入(B)地位(C)時間(D)保障。
⑧對處理哀鳥之法　(A)耐心地等牠鳴叫(B)殺了牠(C)努力嘗試(D)袖手旁觀。
⑨欲求不滿時　(A)逃避(B)壓抑、鎮定(C)轉移到其他目標(D)設法克服困難。
⑩你最珍愛之物　(A)愛(B)財產(C)健康(D)正義

(3)所需時間

整個遊戲過程，需約40分鐘。

①說明，約5分鐘。
②實施，約15分鐘。
③互相交談，約10分鐘。
④全體之檢討，約10分鐘。

(4)順序與進行過程

①**全學員集聚一起**　不需攜帶任何物品。身著方便行動之便服即可。

②**說明遊戲目的與規則**　下面就是解說——

「現在要開始進行遊戲了。這個遊戲有四個角落，各學員可在共同的主題中選出四個來。例如，北角為冬、東角為春、南角是夏，西角則是秋了，讓你們諸位去作選擇判斷；在四個角落中擇出一個，再到那個角落去集合。即是把每一個問題都先行判斷選擇，再至你所選之角落；因為是以角落作為選擇，故稱之為「角落選擇」。各位最喜歡四季中的那一季呢？選妥後就到你圈選出來的那個角落去罷！

這遊戲的目的是促進選擇意思決定。同時集合於角落，把彼此決定選擇之理由交換溝通，而互相為之認同。而且這遊戲亦含有藉同伴互相交談，或和角落同好進行意見交換、競爭，又能接受對方主張之意。因此，可說是推動各組間人際關係之溝通。

在那角落集合之人，因而可以作自由的談論；談及何以選擇此角落，對自己而言，這個主題具有何等深重意義等，都可以坦率地提出來，加深原來陌生的印象。在整個交流中，經過了五分鐘的時間後，各位再聽我的指示，發表下一個主題。那麼，各位又將以煥然一新的態度，去接受另一個選擇判斷的考驗。而且，每一個問題間，都並非有關聯性，因此需要全學員以備戰之狀態，去重新判斷一個個主題，是極為迫切的事。而問題經常是隨興的，彼此並沒有一定的脈絡可尋。」可作如此解釋。

③**回答質疑**　敍述指示後，要確定全學員是否已經融會貫通了。因為若對規則不解，遊戲便就無法進行，也毫無樂趣可言。因此之故，需要答覆學員之詢問，讓他們徹底了解。有的會問些問題的傾向，或是否適合作為性向測驗類等等，有此現象時，領隊則應向他們強調，此遊戲之主旨並非著重於性向測驗，旨在偏重學員間之相互交流、聯繫。

④**呈示第一個問題**　質問終了後，所有學員也已全然了解之下，便就要發表出來。用口頭敍述，或寫在紙上都行。讓各人至所選之角落和同伴溝通，內容包括自我介紹及為何選此角落之理由，並說明不選其他另外三個角落之原因。

⑤**發表選擇結果**　討論告一段落後，就選出各角落代表。目的是讓各角落代表說明他們選擇這個角落勝於另三個角落之因素。也就是各組形成後，敍述各組間選擇之差異性，而將理由明示出來。但這決非表示其角落是獲勝之關鍵，最重要的在於確認彼此選擇理由之構成因素。

⑥**呈示主題與進行方法**　第二回合與第一回合一樣，重新以新的主題選擇四個角落；同時指示學員於相互研討下，一邊敍述選擇同一角落之動機；利用適當時機，領隊乃將選擇同樣角落的學員組成一組，並將使所選派代表之意見（選這角落原因）整合起來，傳達予其他組，且讓他們開始檢討、溝通。

⑦**呈示主題之順序**　呈示主題的順序，最好是先從簡單容易選擇之問題，按順序自抽象而高難度的轉變成較普遍廣泛的。同時，一邊觀察成員參加遊戲之關係與行動如何，而適度的將順序轉

換，或由領隊自身之判斷，使問題稍作更改，而能即時建立問題，配合當時情況而發揮。

但也並非主題愈多愈好，平均以五—七題最為理想。因同一形態之遊戲，若持續太久就喪失了它本身之趣味了。

⑧**結束**　衡量整個遊戲所花時間，以及全體之氣氛，在最恰當時機，可宣告結束。所以這些遊戲，並不一定按照計劃進行便好，而是需要視當時情況作應變，才是最重要的事。

(5)回饋

①**進行之檢討**　整個遊戲要進行至最後一組完成「角落選擇」。先讓各學員省思，第一回合是以什麼為依據的選擇，其中最簡易或最令人迷惑困擾，不易選擇之主題又是什麼？提出來作廣泛性探究。第二是各組回想看看，雖然，其抉擇之理由並不一定相同，卻有著相同決定之行動，而加以交換意見；亦即將自己心中所感，進行討論，使彼此印象更為加深。

②**組之檢討**　直至最後都作同樣選擇所形成之組中，因是經過好幾回相同抉擇之人的集合，因此那些人都有些同類性質或傾向。並且可利用小組遊戲之進展過程所作成的確認表為溝通資料；這便是領隊視情況之感受性和行動，有彈性地決定事宜。

(6)全體之整理

這類遊戲最主要的目的，是刻意地強制學員作選擇判斷，並明確價值觀性質為何，也以促進團隊之親和與協調。因而，不但可學習一切事物需靠自己的判斷基準，也設置以個人為主體之選擇價值基準。

而且，由於都是同一選擇，其不同之理由，反而成了深入了解他人之契機；也體會到要以更廣闊之視野，去觀察別人學習之態度。再加上形同一組，又要和不同價值觀之伙伴進行團體作業，更可從相異性質至相同性質中，了解到屬於團體活動之協調性。

希望各位能同時進行各種不同性質之活動，而能獲得更深遠之體驗；而領隊更有義務將這些要領整理齊全後，將之傳達出來。

3 價值觀遊戲

～團隊發達之中期階段①～

團體之人際關係，透過有效之溝通，而逐漸加深外，也可讓學員明白彼此間之想法或觀念不盡相同的。

當第一次自我介紹或獲得共同工作時，在組間交流中，更會提高互助合作之士氣；在相互認識、新的發現下，令人覺得這團隊富有朝氣。以領隊而言，更是認為這種團隊風氣值得鼓舞與激勵。

但是，人際關係或團隊氣氛，常隨著更新之方向而更動。它不會一直停留於固定之安定地位；即使人際關係如何順暢地運用，終究會有所改變的。此時，領導者必須掌握這種變化和動向，適時地提出新的技法，因應團隊需求。

溝通愈順利，氣氛愈融洽，愈是想追求更新的情報，或者更想明確學員之想法或觀點。因而，領導者就得適應、配合環境，或是更為深入地自不同層面之人際關係的接觸體驗，應用於遊戲中，才是最理想之道。

此處介紹之價值觀遊戲，著眼於明確初步的價值觀。為能更有效率地形成團隊之人際關係，領隊需以此遊戲為啟示，開拓適合於各種場合之遊戲，方為上策。

1.設定價值序列（遊戲⑦）

每個人都各有其生活方式。有些人認為身體健康，人生才富有意義，而在正義感之驅使下，往往於內心底燃起一個解決問題的熱勁兒。但也有人認為人生並非為這社會或別人而存在的，因此，抱持個人主義觀念，認為自己才是最重要的，能自我表現，才是人生目的；但偶爾也會因著某種動機，品嚐出他人之愛來，於是，便認為被愛比愛人更行重要；這就是以個人為中心思想改變事例。又因常有此類情事發生，所以人生旅途中，便不免有矛盾的現象了。

而團隊生活裡也有同樣的情形；昨天還對上司存著好感，結果可能因彼此對問題的解釋或觀點產生差異，使得自己對上司的價值觀產生變化了。

形成生活態度的根本——價值意識、價值判斷之準則是相當脆弱的，它會因時、因地、因狀況而隨時動搖、改變。

這裡介紹之種種，是平時較少作比較之價值觀，以促進團隊之溝通和提供遊戲素材。

(1)目的

①為明確價值意識之序列。

②對互為矛盾之價值同好，也嘗試明確其序列。

③為發現成員間之價值基準各不相同。

④為學習接受互不相同之人的價值觀。

(2)準備

①**人數**　一組約七人為適宜，不限定幾組。

②**會場**　能容納各組自由交談，並能作全體檢討事宜之寬敞教室更佳。

③**材料**　價值序列用紙（表2—3）一人一張、模造紙和筆等。

(3)所需時間

合計整個遊戲需時30分鐘。

①說明，約5分鐘。

②個人記錄作業，約5分鐘。

表2—3　價值序列例圖

______	A. 健　康
______	B. 愛
______	C. 財　富
______	D. 服　務
______	E. 自我實現
______	F. 正　義

③結果之溝通，約10分鐘。

④全體之檢討，約10分鐘。

(4)順序與進行過程

①遊戲之說明　下述即是整個遊戲目的之說明和順序之提示。

「我們於日常生活中作種種的判斷，無意識裡就逐漸形成了判斷基準予以抉擇；諸如，這是我喜歡的，這是我不喜歡等等的價值判斷。各位已經看到剛才發給你們的紙上，已寫上了六種詞句，把你認為最具有價值的寫上1，其次有價值的寫上2，一直寫到6為止。請務必避免出現重複的數字；雖然有些定義稍嫌縹緲，但一定要按順序寫上。寫完後，各組才依結果，彼此互相交換話題，加深印象。」等，作此類闡釋。

②個人記錄作業　決不可依恃他人獲取交談決定，完全要憑藉自己的判斷。或許有人會對字面含意有所不解之提議，而領隊需耐心回答遊戲之著重點，即是憑自己所了解、所感受的去判斷。

③結果之溝通　既然每個人都有他的價值基準作判斷，也就有說明判斷基準的話題了。由此，更可深入地了解彼此的生活態度、背景，甚至於日常生活的行動也含概於內。所以，不但要尊重

個人的行動結果，更要互相接受各個學員的報告；因為，一般人都有想要進行全盤了解，整個團體究竟有何傾向的統計結果之衝勁和欲望；但這種遊戲，不止是注重計算統計結果，而是透過學員正確之判斷，促進彼此深刻的認識和了解後，更加強整個團隊精神之活絡。

(5)回饋

透過全學員之檢討，領隊可據此而綜合整理。亦即：

(1)說明包含自己所喜歡或生理上厭煩之人生觀等屬於理念性所選擇判斷的價值觀，不但要具有能於平時善加發揮，並藉著工作上之人際關係，坦率地表達自己觀念的優良環境，是當前之課題。

(2)在團隊中，非但要能肯定彼此之想法各不同，也要容許其間之差異性。不可一味強調協調性，將之洗腦而強迫其認同一種觀念。工作團體是依賴每個人採取自由態度行動之統一，而湧出對工作或團隊產生熱勁兒，人際關係才更能達到互相信賴的地步。

2.勞動觀測驗（遊戲⑧）

成人期是人生旅途中，最為充實之階段。自學校畢業後而至退休為止，約有四十餘年的歲月，都用來從事工作；有工作也才有樂趣可言。也就是表示，不管在身體上或精神上，人類大半跟隨工作，度其終生。

因此可見，能互相接納別人之「勞動觀」，對工作有所裨益的。這就決定於自己本身是否抱持有正確之勞動觀，以肯定其人生之是否多采多姿。

(1)目的

①為明確自己所秉持之工作目的。

②為相互了解其工作價值意義。

③為了接受彼此不同之價值觀。

④為能重新檢討自己之勞動觀。

(2)準備

①人數　不限人數，亦不需編成小組。這是個人進行作業方式。

②會場　以能容納全部學員場地為主，如教室般大小也可以。

(3)所需時間

表2—4

______	A. 想在社會上有成就
______	B. 享受休閒
______	C. 希望經濟寬裕
______	D. 想試試自己能力
______	E. 想貢獻社會
______	F. 想對企業發展有貢獻
______	G. 確立自己獨立生活
______	H. 希望每天悠閒度日
______	I. 重視家庭生活
______	J. 其他（自由記述）______

整個過程，約需時30分鐘。

①遊戲說明，約5分鐘。

②記入測驗紙，約5分鐘。

③交談結果，約10分鐘。

④總整理，約10分鐘。

(4)順序和進行過程

①測驗之說明　敍明測驗之意旨和能獲得之效果。舉例說明如下：

「要開始進行全學員之測驗了。諸位對日常之工作和工作目的，如何去掌握呢？這便是此次討論之題材；而其中之一環，即是進行試驗。現在請看發給各位的用紙（參照表2—4）。上面列舉有十個名詞，你認為這十項中，有哪一項適合於你的，將最貼切的三項，定為第一位、第二位、第三位（不需十項都按順序）

而標示出來。寫完之後，便可開始互相研討，交換意見了。」

記錄接受質問之部分。

②**結果探討**　全部記錄完畢，領導者即以一組約十人編制。讓坐在就近的學員能輕鬆地打開話題，相互研究。同時並說明何以選擇第一位至第三位的理由，究竟對其持著何等價值觀；但無需討論結果；反則需輔導學員，應該各有其主張。

③**總整理**　領導人可選出幾名學員，依此測驗方法所獲得之體驗，把具代表性之觀點，向所有學員宣布出來。

如能這般地檢討工作之意義，那麼，領隊也應將自己的想法明確地呈現。就以下列所舉之「對工作之目的」有何看法為例。

工作的目的是為了賺錢；因為有錢，生活才能過得多采多姿。但為了維持生活上所需，故而去工作。這種公式，可稱為以薪資換取金錢之勞動觀。進一步而言，因為是缺錢，才得工作。反之，若能不勞而獲，那麼就不需辛勤地工作了。所以，人類處於迫不得已狀況，才去工作的。有這種工作既是賺錢手段的觀點，必然會對工作產生一種強烈意識了。

另一方面，以生活勞動觀的立場看，是如何呢？其實不應只注重於勞動結果之經濟價值，而是應對工作過程（時間和場所），看成是有意義的。亦即工作之目的是借由勞動，而品嚐人際關係（勞動的過程），而且是據其成果獲得薪資之概念；也可說生活勞動觀是藉著工作而享受人生，根據勞動成果而換取糧食之基礎。

3. V・C測驗（遊戲⑨）

每個人生長環境不同，生活環境也互異。所以沒有和別人生長於同一環境，而培養出同一生活態度的。就彷彿容貌和身材，也因人而異，遑論觀念、看法之迥異了。

可是，為要一起生活下去，必須有相同觀念之共識，彼此才得以互相溝通，而有進一步之了解，進而形成信賴關係。其實沒有共同的想法，但卻有共識，才是最重要的事。而其所謂有同樣觀點（這也多半是自以為），讓心裡感到安心，實際上不一定真有共識存在；事實上，就是因為共容其觀念之差異，才更加推動團結之力量。

在此集合各小組的學員，也許透過遊戲，只能約略了解相互間價值觀的意義而已，其所不明確或模糊部分，就要利用遊戲強化，由於學員觀點之互異，才產生新的歸屬感和連帶感。即以刻意強調遊戲之誇張，才更能明確各自之價值觀。而V就是 Value（價值），C是Clarification（明確化）之意；即為價值明確化測驗。

(1) 目的

表2－5　VC測驗（一對比較法）

你認爲A.B兩項，那一項有價值，請於判斷後，將有價值處，請用○記號圈上。（不必按順序）

1	A.地　位 B.時　間	8	A.評　價 B.時　間	15	A.人際關係 B.收　入
2	A.收　入 B.評　價	9	A.地　位 B.人際關係	16	A.工　作 B.評　價
3	A.保　障 B.人際關係	10	A.保　障 B.收　入	17	A.地　位 B.保　障
4	A.工　作 B.地　位	11	A.時　間 B.工　作	18	A.時　間 B.人際關係
5	A.時　間 B.收　入	12	A.人際關係 B.評　價	19	A.收　入 B.工　作
6	A.評　價 B.保　障	13	A.收　入 B.地　位	20	A.評　價 B.地　位
7	A.人際關係 B.工　作	14	A.工　作 B.保　障	21	A.保　障 B.時　間

表2—6　VC測驗結果整理表

①把記在測驗紙之○記號，寫在整理表上。
②以橫式計算○記數，將總數寫於得分欄。
③有兩項目同得分時，以該項目之選擇結果，決定順序。
④按得分多的順序作順位。
⑤有三項目同得分時，作成同樣之順序。

	地位	時間	收入	評價	保障	人際關係	工作	得分	順位
地位		1 A	13B	20B	17A	9 A	4 B		
時間	1 B		5 A	8 B	21B	18A	11A		
收入	13A	5 B		2 A	10B	15B	19A		
評價	20A	8 A	2 B		6 A	12B	16B		
保障	17B	21A	10A	6 B		3 A	14B		
人際關係	9 B	18B	15A	12A	3 B		7 A		
工作	4 A	11B	19B	16A	14A	7 B			

①為強化明確各自之價值觀。
②為明確不同之價值，而相互了解。
③為對所有事物進行觀察洞悉，而促進交流。

(2)準備

①**人數**　一組七人左右，不限組數。
②**會場**　能確保各組能自由閒談之空間。但室外也行。
③**材料**　筆、VC測驗紙（表2—5）與統計用紙（表2—6）一人一張

(3)所需時間

合計整個過程，所需約30分鐘。
①說明，約5分鐘。
②記錄個人作業，約7分鐘。
③結果統計，約5分鐘。

④統計之發表與討論，約8分鐘。

⑤全體之檢討，約5分鐘。

(4)順利與進行過程

①**遊戲說明**　先說明遊戲之目的與效用，也提示遊戲規則。例如，下述即是解說——

「現在要立刻進行V．C測驗了。這個V（Value）即代表價值，而C（Clarification）就是明確化之意。即是透過這個遊戲，明確所謂價值觀，進行討論而進一步加深認識，亦可當作是自我反省的機會。

馬上分給各位測驗紙，來說明記錄方法。這裡列有A、B為一對。全部共有21對。每一組分為A和B兩項比較，請你在認為最有價值的一項，圈上○以為記號。可能便會看出以往從未作過比較之組合方式。但請先稍作考慮後，再圈上○。各項目都是獨立存在，毫無關聯性，所以才需憑自己去判斷。也千萬別以為前面已註明了○之記號，接著也如法炮製的一一作記號，因為這項遊戲是不需作連貫性之判斷。最重要的則是，各項完全是以自己的抉擇而選出A或B來。必須記住一點，即是每一項都需圈上○，切不可因其困難，而視為禁忌。同時我會坦然地答覆質詢。如果各位都毫無疑問，遊戲便可開始了。」諸如此類的解釋。

②**結果統計**　記錄完了後，然後就進行統計個人結果之作業。發給各位的表2—6，便是結果

整理表。可依照其說明，先作○印之整理。記錄紙上所做之○記號，如果是1之A，就在整理表1A處圈上○，按著順序一直圈○至21項完畢為止；而各項目之A與B，是以斜線為對稱軸，劃分成右上方和左下方，以方便一面尋找，一面於21個項目中圈上○記號。

其後，計算橫式圈○之數，將之記入得分欄內；這和斜線無關，只以橫格之總數為得分點。而在順位欄，按得分點之多寡，按照順序記上第一位至第七位。有二項目是同樣得分時，便在成對兩項目內選擇，視其選擇結果，而決定順位。同樣地，若有三項目同時得分時，也以成對之兩項目的組合之選擇結果而定。可是，三項都相同時，則以同順位來寫即可。

③發表結果與討論　這個測驗是依七個項目之一對比較法，調查有關職業生活之價值觀。工作之目的既是為了金錢，收入滿六分者可能不少。相反的，也有些人則認為，職業生活在工作上之人際關係最為重要，這就是視人際關係優先於地位的例子，而各組便可據自己判斷之結果，與人快樂地進行溝通了。因而確認各自價值觀的性質，原是有所差異的，而後進行彼此互為肯定之程序；這個遊戲測驗的特色，具有強調個人觀念和結果之傾向；由於被迫作抉擇，因而使其想法亦較平時更趨於極端或強烈之現象。這點也可設定為討論話題。

④全體之整理　所謂職業生活，就是每天在勞動中度日，而此遊戲就是讓那些上班族，能明確究竟何謂價值，在互相認同差距下，才能更加深了解的程度。能把握這些流程，有關職業和勞動生活，才具有整理之必要性。同時配合環境，促進檢討有關工作目的之意義，而且，透過遊戲結

表2－7　選擇結婚對象標準

你認爲A.B兩項，那一項有價值？請憑自己判斷後，圈上○記號。（不必按順序）

1	A.容　貌 B.人　品	8	A.愛　情 B.人　品	15	A.健　康 B.資　產
2	A.資　產 B.愛　情	9	A.容　貌 B.健　康	16	A.經　歷 B.愛　情
3	A.將來性 B.健　康	10	A.將來性 B.資　產	17	A.容　貌 B.將來性
4	A.經　歷 B.容　貌	11	A.人　格 B.經　歷	18	A.人　格 B.健　康
5	A.人　品 B.資　產	12	A.健　康 B.愛　情	19	A.資　產 B.經　歷
6	A.愛　情 B.將來性	13	A.資　產 B.容　貌	20	A.愛　情 B.容　貌
7	A.健　康 B.經　歷	14	A.經　歷 B.將來性	21	A.將來性 B.人　格

表2—8　選擇結婚對象整理表

①將表2—7所選之○印數，記入整理表。
②○印以橫式計算，把總計寫在得分表。
③得分多者，按順序順位。
④有兩項目同得分時，以該選擇結果作順位。
⑤有三項同得分時，作成同順位。

	容貌	人品	資產	愛情	將來性	健康	經歷	得分	順位
容貌		1 A	13B	20B	17A	9 A	4 B		
人品	1 B		5 A	8 B	21B	18A	11A		
資產	13A	5 B		2 A	10B	15B	19A		
愛情	20A	8 A	2 B		6 A	12B	16B		
將來性	17B	21A	10A	6 B		3 A	14B		
健康	9 B	18B	15A	12A	3 B		7 A		
經歷	4 A	11B	19B	16A	14A	7 B			

果，獲得研討工作和休閒等問題之機會時，身為領隊者，更應把握時機，拓展問題方向，讓學員更樂於溝通。

(5)V‧C測驗之應用

這種利用一對比較法在共通之課題上，作為方便於選擇之方法；所以可多加以活用。就如表2—7以「選擇結婚對象標準」的問題，堪為有趣；從其結果，不但看出代溝、性別差異，而也頗適合作為年輕人談論結果的資料。

4 團體過程遊戲

～團隊發達之中期階段②～

要如何才能了解流水情形呢？雖然至河裡舀起一瓢水，就可以分析出水之成份，但對流水情形，則不得其門而入；而集團過程和流水如出一轍，就是集團在活動中的流程。這種過程即是整個集團於進行活動時，作為掌握變化之根本。

既然透過人際關係之溝通才加深了解、明確彼此之價值觀，也才能提高團結集團之力量作用。更重要的是，職業團體的人際關係，要以組為一體，具有發揮團隊精神的方法才行；集團一旦有了團隊精神，那麼整體取得一致，其所屬獨特之力量（如規則或行動基準），才應運而生。反之，領隊若無法控制其變化過程，就不能正確引導了。將集團過程比喻成流水，即是意味著團體之構成，就是各成員心態之變化現象。因而，領導人需憑藉團體感情、情緒的流動進而了解其過程的變化，同時也讓各學員留意集團過程，乃是不可疏忽之事。這還包括團隊發達過程和以其為焦點之例題遊戲。

1. 繪畫溝通（遊戲⑩）

人際關係之溝通，是以一對一之組合，用語言和動作，打開雙方互相溝通之通路。如果僅以一人對多數人進行傳達時，要怎麼辦呢？一對多數人溝通方式，需經過互相確認後，即可正確、迅速地傳達；這在傳達者本身需要發揮技巧，而在接受訊息之一方的態度或技法，也是相當重要之一環。既然明瞭一對多數接受訊息的各組成員會作何變化後，方能有效地予以溝通呢！像這種團體的過程，或以小集團的發展過程為其目標展開遊戲，即是繪畫溝通的目的；這個遊戲的特徵，是透過溝通體驗、學習集團過程之變化與發達過程。

(1) 目的

①為了解透過溝通，學習團體變化過程。
②為依靠傳達者、收受訊息者雙方體驗，創造更具效率之集體溝通。
③為加深印象，了解團體功能。

(2) 準備

①**人數**　為能掌握組間之競爭和發展過程，一組以十人左右為宜，可以設置數組。故以共計約五十人的團體活動，最為恰當。

②**會場**　若有小學教室般大小最佳。也可於野外進行，但要挑選適當的場所。

③**材料**　準備如例題問題的傳言紙張。讓受信者可以自由描繪之紙（以B５大小可），其張數是為人數的四倍左右。還有原子筆和簽字筆（容易一筆作畫）。至於繪畫桌，編制幾組，就備幾張。以及墊於下面用之舊報紙。

⑶所需時間

整個過程，大約需時50分鐘。

①說明，約10分鐘。

②模擬遊戲，約３分鐘。

③書本遊戲，約15分鐘。

④結果之發表與回饋，約10分鐘。

⑤全體之檢省，約10分鐘。

⑷順序與進行過程

①遊戲之說明　敍述遊戲之目的與規則。下面即是解說遊戲之結構。

「這是一種繪畫溝通遊戲。先是由一個人面向各學員方向，以「繪畫」方式進行溝通。現在各組派一名代表出來，看我所指示之訊息。這些傳言全都是『名詞』。就如舉山或海一般，屬於單純性之辭彙。由代表者默讀一遍（絕不能發聲，為的是避免將繪畫所要傳達之內容洩露出去）。

再回到自己的組裡，在所準備的紙上，使用畫把訊息表達出來。各位需注意的是，在節目進行中，絕不可發出任何音響；送信者始終要默默地描繪，而畫也只能靠傳達。畫的時候，也不能用數字或文字，而被傳達者，即是猜測資訊的人，也絕對禁止出聲。所以，只能向著傳達者作是或否之表示，也由於傳達者本身禁止發聲，故以點頭為是，搖頭為否來代表其答覆。

若是答案已經極為接近時，亦不能誘導作答。但因被傳達者都是屬於同一組學員，可經過悄聲研討，將所要傳達之畫加以判斷後，把答案告訴傳達人，而傳達者若以點頭表示，即是猜對之意。

然後就輪到下一位，把答案送給我，並悄聲轉告其答，而獲得正確答案時，才可提出第二個問題。他也一樣的回到組裡，以繪畫方式將訊息傳予其他人；而傳達者必須每次更換輪流，至於順序，請先決定好。若其答案是正確而一致的，便可再拿新的問題，回至組裡進行傳訊之作業。

以這個程序，每人平均有三次輪流擔任傳遞者之角色機會。這就是為要讓各學員能深深體驗團體活動，才需要花這麽長時間進行。當每個人都已輪完三次傳遞人之任務後，就表示遊戲宣告結束。當然，若各組間之競爭，結束得愈快愈好。

但是，這既是要讓學員們在一面進行中，一面學習、體驗的話，那可就不僅要快速就好的。而是希望各組學員能在互助合作下，和諧地完成遊戲為主要初衷。」作等等般的說明，同時並回答學員之質詢。

②模擬遊戲　說明完規則、也作質疑答覆後，就要實際地練習，但對規則不解者，可能很多；為了讓全部人都對規則有一通盤認識，就得作公開練習了。譬如以「卡拉ＯＫ」為題。代表者回至組裡後，便描出麥克風，或類似酒吧形狀之模樣，作為傳遞之訊息；也可於適當時機喊停，再一次說明遊戲的規則和目的。然後再由輪流者依次輪番上陣之方式進行。

③傳送訊息之內容　既然繪圖溝通是設定「名詞」，靠想像描繪出屬於所要傳送之訊息內容為其形式，若能賦予更為優美之名詞，或幽默性之文字，會更增加其趣味性。因此，起先可採用些簡單而具體的辭彙，而後漸漸使用較為抽象的字眼也可。但是若讓學員誤認為遊戲進行至後半，就都千篇一律改採抽象名詞，容易造成回答者單調乏味之感覺，故需要作適度的調配，可將容易想像之辭彙，夾雜其中。下列各名詞，可作為參考例子。

①蘋果　②貓　③巴黎　④颱風　⑤初戀　⑥通貨膨脹　⑦香港腳　⑧拿破崙　⑨天氣預報
⑩外遇　⑪四季　⑫獎金　⑬宿醉　⑭家庭法院　⑮昇遷　⑯金婚式　⑰滿足　⑱遲到　⑲精

神官能症　⑳憲法……

領隊也要配合學員水準，具有使問題求變，而讓遊戲進行得更生動有趣之能耐。

④遊戲中應注意事項　遊戲於舉行中，各組之完成速度有快慢的區別，不管如何，都應讓學員自由發展為限。但也會碰到幾乎其他組都已進行完畢，而有某幾組還在持續進行的情形，這時便應於中途喊停。而且，領隊還有義務監視各組是否有犯規情形發生。在各組代表爭先恐後來告之答案時，也許會陷入混亂、擁擠的局面，於是領隊便讓學員按順序報上答案，然後才能提出新問題。反之，領隊也切忌以為各組都想急於完成遊戲，也連帶的受其影響。

⑤遊戲終了與結果之發表　由於各組進入狀況不同，完成時間也互異，但同時要兼顧觀察全體之動向，不可讓提前結束的各組等候太久。遊戲完了時，領隊可徵詢學員，在整個程序中，對傳達何種訊息較為吃力或困難，而被傳達者又以何種圖案因不易掌握，而覺得力不從心？同時，可於進行中看出各組是否擁有別出心裁的方法，獨創出極具效果的猜測，作為各組之檢討與回饋。

就以獎金為例，已然畫出整疊鈔票後，仍猜不中時，便可建立以音讀法促進規則之理解，讓傳達者和被傳達者學習到新規範——以心傳心的技巧。

⑥全體之檢討與講義　各組已經過檢討反省時，就應將在此遊戲中，所獲得的新經驗互相溝通，而後可把各組解散，讓全體學員共同參與，更為理想。即是說把所學之心得普及化。

如此地將各自之進行程序作一整理後，可以講義方式為總結論；這些方法逐一敍述於下。

在此遊戲中能學到的，第一是獲得傳達之事與接受傳達者雙方之經驗，並了解彼此之立場和任務；而傳遞時更重要的是，懂得去體諒對方，否則即使以自己為本位，勾勒出多美好的圖畫，也都成了枉然。同樣地，身為被傳達者也應以觀察推測的態度，設想傳達者究竟想要表達的是什麼，而試圖去瞭解其之表現；亦即他在遊戲中所收到最豐碩的成果。因此，傳達訊息需先替對方設身處地著想，才能順利推展。

第二是以組來接受傳達資訊，學員們立刻產生種種之聯想，而這連鎖反應對於迅速了解訊息頗有裨益。這就叫做集團效果。

第三就是傳達的方法和理解之道，會感覺遊戲之後半往往較前半部要統一快速得多。這也是團體加以統制後，在過程中所呈現出來的團體力量，亦為被傳達者彼此互相努力，所發揮出之收穫。這種集體過程，尤其在初期、中期、末期（應仔細留意各人有擔任三次傳達者機會）各組的過程中，所會見到的變化流向。

如此般地，在溝通中產生所謂的集團過程，可以作為應用於工作崗位上的參考和心得。

2. CI遊戲（遊戲⑪）

經過互助合作，達成共同目標後，最要緊的便是團隊精神了。團隊精神是以相互信賴為基礎，認識彼此的責任，加強互助關係，才得以收到更具效果之團隊精神。

這個遊戲，是和他組於一面競爭，一面學習團隊精神的過程為其目的。所謂CI，即 Corporatid Adenpity 之簡稱。近年來，不管任何行業或企業，也都廣為應用實施。而這遊戲就是猜測屬於公司組織的象徵—標記。

(1)目的

①為要學習團隊精神的形成過程，需藉互助合作之活動。

②為要體會分擔團隊精神所必要的多項條件之任務。

③為要了解其過程，需依賴各組競爭、加強團隊精神。

(2)準備

①**人數**　一組約十人，幾組都行。

②**會場**　要準備各組能自由討論、協助作業之桌子。場地以能容納所有成員活動，約有學校教室大小。

③**材料**　標記一覽表一組一張。解答用紙。筆。黑板。

(3)所需時間

合計共約40分鐘。

①遊戲說明，約5分鐘。

②遊戲之實施，約10分鐘。

③結果的發表與整理，約10分鐘。

④全體之檢討，約10分鐘。

(4)順序與進行過程

①**遊戲說明**　這項遊戲是猜測公司之標記。一組分十人，預先將組編制完成。作如下之說明——

「現在開始各組進行遊戲。以組作業爲目的，主要是團體才能達成發揮團隊精神之作用。剛才發給各位約五十個屬於公司商標複印一覽表。請聽我的指示後，才能打開來，猜猜各公司的名稱。而且要在限制時間十分鐘內，所有學員都必須參加，必須藉各位豐富的知識或情報，互相合作以解決問題。同時在解答用紙上，也不可把號碼寫錯了；這也不是個人的遊戲，而是要在彼此合作下，發揚團結力而進行之方式。

回答質疑，也作了準備後，即可開始經由商量的共同方式展開遊戲。

②商標　這些問題只是作成CI標記—即公司商標，並未記上公司的名稱。避免用有特徵的色彩。因為是以黑白複印為整理，故不需有色彩；而且是從一般股票上市公司中，選出不常於出現電視廣告上的列舉在此，作為領隊自身判斷的標準參考。可作各行業的廣泛選擇，若是公司商標不適用，也可使用大學校徽。

再者，有如下表之記號，也可讓學員加以運用。

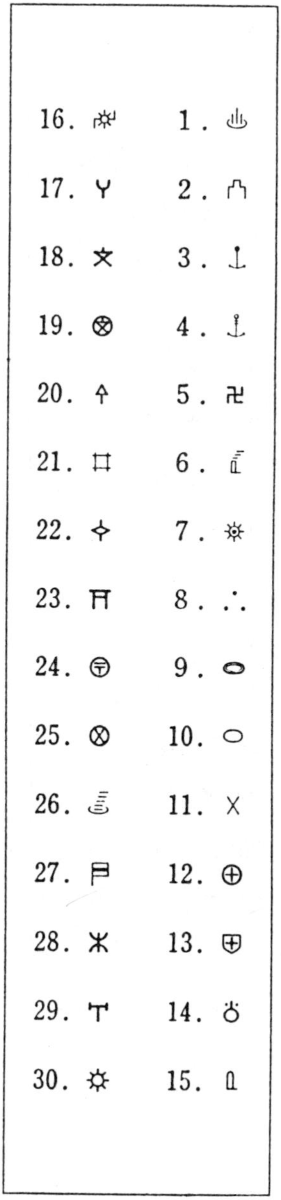

③開始　為了使學員能整齊一致地打開問題用紙，領隊需以大聲的口令為開始；因為既是分秒必爭，故口令一定要清楚有力。而且又是在限制時間內完成之遊戲，所以需使所有學員徹底了解遊戲過程與方法。也別忘了解答用紙是用來記錄答案之用的。

④終了 十分鐘過了，要即刻喊停止，並宣布結束。

⑤結果之發表 接著便是由領導者發表正確解答。這時，這組再將解答用紙傳予隔壁的組，評其答案的正確與否；以這種由其他組互相評分的方法較為公平。

⑥全體之整理 每一組在此遊戲中猜對了多少？而其正確率的百分比又有多少呢？讓學員自

記號正解

1	溫泉、礦泉	16	發電所、變電所
2	城堡	17	消防隊
3	漁港	18	小、中學
4	重要港	19	高中
5	寺院	20	法院
6	煙囪	21	油井
7	燈台	22	稅捐處
8	史蹟、名勝	23	廟宇
9	市公所	24	郵局
10	鄉鎮公所	25	警察局
11	派出所	26	噴火口
12	保健所	27	自衛隊
13	醫院	28	林務所
14	公家機構	29	氣象局
15	紀念碑	30	工場

由地進行研討及談笑後，領隊可以下列的觀點，推動各組遊戲過程的反省探討。①在遊戲開始前，是否已經會商過，如何才能有效進行？如記錄、主持人任務之決定，是否事先有萬全之準備？②在最初和最後，彼此之交流方式是否有所差別？理由何在？③為尋求解決問題之道，有否讓學員了解應使團隊精神發揮至何種程度；其主要原因為何？在一面探詢中，一面要敏銳地觀察學員表現團結力之過程，並期使他們具有相互分擔責任之共識與體會。

同時，除了說明團隊精神，必須在與其他組競爭時，才會強烈地表現出來外，並且還要讓學員體驗過和外界競賽後，更能強化內部團結之力量。於是在檢討過程、互相交流中進展至相互信賴，以及所分擔之任務，和有效地行使其責，並透過與他組的比賽，團結精神才能達成協調性和共同目標等等，作為最終之結論。

3. 協助過程（遊戲⑫）

雖常聽說團隊精神很重要，但是很多卻只懂皮毛的個人主義、功利主義者，他們對工作既不負責，也欠缺自覺心，往往是任意行動而已；舉突然請假，而帶給別人困擾的A君為例吧！所謂作業的連鎖關係，就是因為A君的任性要求，令工作同仁因之為難的現象。然而，A君卻毫不在乎的樣子；由於A君並不認為其請假是自私的行為，故無法了解其態度對工作所產生之不良影響

圖2—5

五個信封成一套。將五個信封裝上如圖般之各種形狀紙片。裝法是A信封裝ihe三片；B裝aaac四片；C信封裝aj；D則裝df；E是gbfc四片。

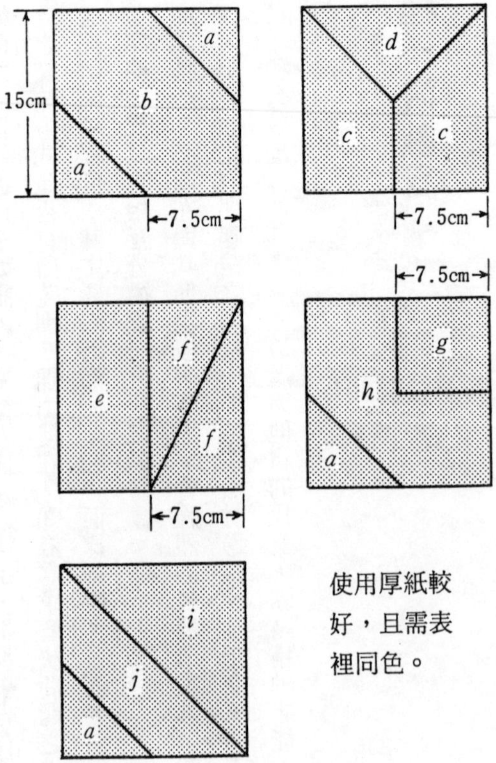

使用厚紙較好，且需表裡同色。

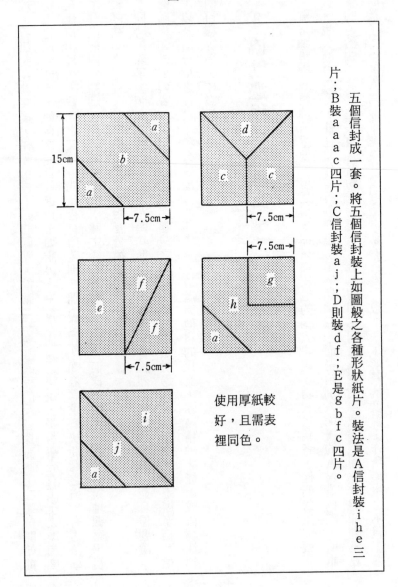

，的確是令人不解。但一味地只覺得困擾，並不能解決問題的。

因此，必須直接去體驗團結力之重要性，才是真正達到徹底領悟之捷徑；直接接觸給予學員獲得了解，是為本遊戲特徵之一。

協助遊戲即是闡明團結精神所具備之諸要素，並體會採取適宜時機之行動，以及別人任性所為會造成之妨礙為其宗旨。亦可謂團隊精神的基本學習。

(1)目的

①為要了解相互合作過程有關注意事項之必要性。

②為要學習團隊精神所需諸要件。

③為加深了解溝通與集團過程。

(2)準備

①**人數**　一組五人。不限定組數。

②**會場**　可五人圍坐之桌子和椅子。

③**材料**　設定協助遊戲用紙片（如圖2—5，準備參加學員人數，五人一組的設定數）。黑板。

(3)所需時間

整個遊戲程序，前後約需70分鐘。

①遊戲和規則之說明，約10分鐘。

②遊戲的實施，約15分鐘。有些組只需五分鐘便結束遊戲了。故經過20分鐘後，不管完成與否，均需指示停止。

③遊戲的過程之檢討，約15分鐘。

④全體討論，約15分鐘。

(4)順序與進行過程

①目的之說明　為提高對協助過程遊戲目的的認識，需先探詢何謂團隊精神？可依下列方法進行——「各位，請試想是在什麼情形下需要團隊精神之發揮？可將答案寫在黑板上。」如此這般，或可以指名方式，請學員將具體回答列在黑板上。在這些答案中，出現頻率最多的，可能是棒球或排球的競賽，或一個人力量無法勝任的繁重的工作時，或需集多數人力量，才能完成之共同目標等罷！就這樣透過遊戲為暖身運動，以為整理有關團隊精神事宜。

接著就是質問。「那麼，為要發揮團隊精神需要作些什麼事才好呢？諸如，所有學員應持什麼態度，必須採取什麼行動？」等等的問法。把答案寫在黑板上。多半數都是這種回答；明確共同的目標。學員也相互了解。獲悉學員間的優、缺點後，可以互為彌補，也形成了強固的信賴關係；如此便能提升明確理解彼此的責任與義務了。

如能把團隊精神的理想目標建立後，便可提議從事實際而單純的工作了。

②規則的說明　一組五人圍成圈而坐，各人面前各放著裝紙片的信封。然後，作如下敍述：「現在開始以五人為一組進行團隊精神遊戲。各位面前有一個信封，裡面裝著紙片。遊戲的目的，便是拿紙片互相交換；每人組合一個，共計有五個大小相同的正方形組合。若是由各組合作，組合完成五個正方形後，遊戲就表示結束終了。這是個很簡單的遊戲；但是需要嚴守下列各項規則。

第一、絕對禁止說話；遊戲進行中，千萬不能開口，要在靜默中完成。

第二、不可拿別人的紙片。而且不可任意指示或暗示要求他人紙片之意圖。

第三、可能的範圍，只能給予別人紙片；但也需保持緘默，交出紙片而已。設若那並非是自己需要的紙片，亦需接過後再歸還。以上就是遊戲規則；雖然很簡單，但必須切實遵守。我再重複一遍：不說話、不要求、只能給予對方，如此而已。經過互相協助後，在各位面前各組合一個同樣大小之正方形，總共計五個後，遊戲就宣告完成了。」雖然，這種遊戲具有重要意義，但也不可忽略讓學員經驗到於遊戲中所產生各人情緒之起伏。

③**遊戲開始**　接受有關規則之質詢後，所有學員都已充份了解，再喊口令。

④**遊戲結束**　提前結束之組，應保持緘默等候。至於未完成之他組，於時間超過20分鐘後，也應指示停止進行。

(5)遊戲終了後之進行方式

①**各組之交談**　以團隊精神為主題的遊戲中，各人可將感觸坦誠地道出來。因是維持沈默，所以包括心裡著慌所造成之情緒不安、反省檢討，和對方溝通的感想，透過這種遊戲之過程，才能深刻地體驗團體精神之重要。

②**全體研討**　在各組之反省，並提出各自具體的行動和感情動向後，進而檢討應如何提高團隊力量之結合。在此，綜合整理所有學員一般性的見解，或自遊戲中所獲取之心得，利用黑板將學員發言內容摘要性地記錄下來，下列之意見，可能會被提出來。

(a)或有某學員正沾沾自喜於正方形作品之完成，但卻未發現其組合並不正確時，領導者需適切地向其暗示——只有完成自己的工作也不行，應顧及整體，亦即表示整體與個人連貫關係之密切。

(b)辛苦組合之正方形，可是為著別人，需要再拆卸時；也即是為了整個組，必要改變自己的立場以達成目標；換言之，為團隊精神之發揮，有時需作自我犧牲。

(c)必須站在對方立場，才得以了解事物真理時；意味能為別人設想，才是成功的秘訣。

為了要提昇團結力量，以寬容之心態去諒解對方所面臨的問題；更要拓展自己之視野，觀察作業之推移；並製造中心話題，積極地展開討論或傾訴之機會。有時甚至可擴展至有關領導能力問題上。總之，不應將自己親身體驗的遊戲，只當成是一種單純性之活動，而要和現實工作環境結合連貫，用語言具體地予以表達的方式。

(6)應用法

為要展開協助遊戲，須做各種應用之嘗試。

①設定觀察者　這個遊戲的重點，在於遊戲之過程。不僅要迅速達成目標，亦要注意在整個過程所產生之所有學員的磨擦和感情起伏等之事。所謂之體驗，就是表示無法以語言傾訴之主觀性感情；為要正確明瞭過程，需設置觀察者；而且於五人一組中有一觀察者，不只要記錄時間，也要記錄展開過程；觀察者之職務，是記錄遊戲過程，可提供為學員檢討時間之資料，同時亦要發表其身為觀察者之感想。

②紙片要富於變化　這個遊戲的紙片，即是一個正方形切成三小片；亦為暗示預計無法完成時，各正方形均是由三小紙片所組合而成的。但這些由三小片紙片形成之正方形較為簡單，可以五至七人設定為一組，將紙型組合更為複雜化。若是擁有各種變化技巧，可創造出更具獨特風格

之造型。

5 解決問題遊戲 ～團隊發達之成熟階段①～

若人際關係能有效推展，團結力量得以發展，在彼此信賴中朝共同目標前進，有效地分擔自己之任務，造成工作環境和諧之氣氛，每天快樂地度日，更能發揮富有創造性之活動。因此之故，需要研究出共同之目標與課題，互相學習解決問題能力。

身為領隊，必須指導團隊以團結一致之力量來解決困難，亦是指導學員有效率地互助合作之過程。在此介紹之三種遊戲，其場面設定於不致偏離日常生活之細節，過程也與平時毫無異樣之區別；具有遊戲性質、又能處理現實情況，對應過程都是相同的。這對檢討領導者進行遊戲也有助益。

1. 射擊遊戲（遊戲⑬）

當所有成員間產生一種親密感、溝通情形甚為熱絡時，或者各小組想進行協助作業的各項活動時，可利用這種遊戲方式。最適合於作為學員學習促進團隊活動的合作、互助、分擔任務的遊戲，同時也是各學員間競爭與交流之橋樑，與增進感情之媒介。

(1)目的

①為學習學員達成問題之過程。

②為體驗團體活動所分擔之任務。

③為學習透過團體間之競爭而發揮之團隊精神。

④為解決問題而學習發揮領導能力之體驗。

(2)準備

①**人數**　一組五—八人，三組以上至五組為最適宜。所以參加人數從15至40人止。

②**會場**　所有學員能聚在同一會場，使各組能自由發揮、高談闊論。全部學員圍著桌子而坐，也能互相地溝通並記錄。而且能聽到各學員之發表意見。

③**材料**　參加者只準備筆記用具。課題用紙（表2—9）每人一張。檢討用紙（表2—10）亦需備齊。

(3)所需時間

合計整個過程，約需70分鐘。

①說明，約5分鐘。

②實施，約35分鐘。

③結果的發表與整理，約10分鐘。

④回饋，約20分鐘。

(4)順序與進行過程

①遊戲之目的與方法之說明　有如下述之敍說。

「現在開始由七至八人為一組，進行團體遊戲。這個遊戲名為「射擊遊戲」；各學員透過彼此互助合作以解決問題的遊戲。至於規則與遊戲方法，在將發與各位的紙上，有詳盡之說明。一切要按照其說明方式舉行。現在發給各位用紙，每人一張以反面方式放置面前。聽到我的『開始』口令時，才翻開來閱讀。」

雖已作此說明，卻還是有疑問發生，因此於接受質詢後，在遊戲即將開始的氣氛中，分發用紙。

表2－9　射擊遊戲問題用紙

1.遊戲之目的，是以射擊標的為獲得最高分者。

2.一次射擊四發，共射四次，合計可射16發。

3.標的隱藏於圖，縱10橫10之格狀之中，標的數2。其連結方式是縱與橫，而非斜線。

4.標的的格，各設定有1分、3分、5分之分數。

5.以各組決定「發射」。

6.各組決定發射，在所有學員聽得到之狀況下，向主持人報告。

7.決定全部發射之代表者，而以代表者之發射為有效。

8.發表以A1，F5，C10，I3方式。主持人要發表各組發射之所得分數。

9.在時間內未發射部分、或過剩發射部分，或違反發射等，每一發扣1分。

10.可射擊同一格目，卻不能重新射擊。

11.各組可自由交談，也可表示圖之使用法。

12.各組不可向主持人發問。

13.所需事宜，全記在用紙上。

14.所需時間為35分鐘。

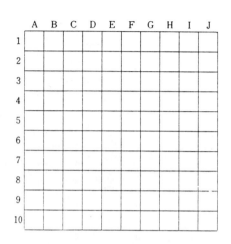

表2—10　射擊遊戲用紙

	A	B	C	D	E	F	G	H	I	J
1										
2										
3										
4										
5										
6										
7										
8										
9										
10										

②**開始**　作開始之訊號，把進行時間記錄起來。然後說明清楚—遊戲進行至35分鐘爲結束時間。同時準備各組發射記錄之用紙、決定格狀之標的、設定分數。例如，於主持人身邊備有圖2—6的表格，可隨時將所感觸之事予以記錄下來。

③**開始發射**　第一個作為各組發射之代表者，看成為其組之代表人並記錄，於第二次發射時，亦由同一人進行。若不知其姓名，可記其特徵；或服裝有何特色，或以所坐之位置等亦可。總之，這記錄是為確定是否有代替人。

至於第一個開始發射之組，應將其發射時間與標的清楚記錄。這對於其後之回饋檢討有用處。這是透過暗中摸索、鼓起勇氣接受挑戰的組，具有無比的鼓舞作用。標的可由主持人任意設置，但如圖2—6般逆L字型之標的，

圖2－6　主持人記錄（例）

◎開始時間＿＿＿＿＿＿

◎最初發射

組　名＿＿＿＿＿＿

其時間＿＿＿＿＿＿

◎犯　　規

組　名＿＿＿＿＿＿

理　由＿＿＿＿＿＿

◎完成時間＿＿＿＿＿＿

	A	B	C	D	E	F	G	H	I	J
1										
2										
3									3	
4									1	
5									5	
6									1	
7									3	
8									1	
9				1	3	1	5	1	5	
10										

組　名	I	II	III	IV	V
代表者名					
第一次發射					
得　分					
第二次					
得　分					
第三次					
得　分					
第四次					
得　分					
總合計算					

是初次經驗者難於射中之處。分數可任其分配。總分為五分，但以不同分數之配置法，較為理想。主持人需報出發射之總分，故以形成五或三之倍數，更為得當。

④違反規則　於遊戲進行中，常發生違反規則之事情。如代表者之交換是為典型例子。在這種情形下，只能說順著規則，而發射得分竟得了負分；決不能說成因換代表者，故才得了負分。因為這是讓學員自行發覺的學習；如果在還未發覺下遊戲便結束，也不具任何影響；這點於回饋時，會作詳細分析、說明。

對其射擊有誤，促其發表負數之情況，即在暗示其進行過程的不正確。譬如，舉2之D、5之H般，其英文字母是在後面時，因為射擊問題用紙上，將其唸於數字之前，即視為犯規。雖然，同一地方可再射擊，但如將「G之5、四次」看成是發射，就是違反規則了。其實，應將上例解釋成「G之5、G之5、G之5、G之5」，才是正確的說法。同時，在射擊中會發生暫停狀況，亦視為未發射分。或者，不小心之質問，也是犯規的現象，若非以負分論，也需予以警告指示。總而言之，必須要嚴格遵守規則進行遊戲才可以。

⑤得分之應答　若各組的代表發射，首先應將其發射位置正確記錄，幾經確認後，再重複地唸出來。如此，才能讓所有學員獲知其所射擊情形，同時也有多餘時間計算由縱標的之合計總分。在唸合計總分數時，必須將加幾分，減幾分與正負符號確實表明。對於一切的疑問，都無需回答。

⑥時間結束前　經過一段時間後，參考各組之發射，並判明標的，雖然其發射過程錯綜複雜，也需預先決定次序。而且避免兩組同時進行。即使因此而稍微拖延時間亦無妨。若時間延長時，需接受至那時的發表順序號碼，但不可再增加組數，將所接受之各組發射全部發表後，再報出各組所得之分數。

⑦遊戲終了　開始後經三、五分鐘，即可宣布遊戲終了。為何需決然地發號結束之訊號，乃是因為有時學員過於興奮，以致有聽而不聞的情形。

(5)終了後的說明

①標的之說明　向所有學員宣布有分數之格子隱藏於何處；就如Ⅰ之3、三分、Ⅰ之4、一分這般地發表。

②各組成績發表　一次四發，共發射四次的總分，以得分最高者依次排位，把獲得第一名之組的原因，簡單扼要地解說一遍。

③犯規和其他之說明　先解釋某些組何以在整個遊戲中，不但沒得分，還呈負分之局面。可具體的說明，因為代表者之互為交換而犯規，才會有負分出現。卻又不能只靠抽象式的形容，毫無行動表現，因此剛才所學習之記錄，便可適用於作為指摘其差異的資料，成了極切重要的方法了。

其次，希望以主持人資格評述這個遊戲之全部流程。尤其是應將各組第一次發射的時間與地方通知全部成員。然後在聽完各組如何採取行動開始發射經過後，說明過程。

④遊戲之目的與體驗心得之比較　這個遊戲是檢討團隊精神、體驗團體之課題達成過程、團體之意思決定過程之學習為目的而舉行的，故於遊戲中，需將全學員之感觸作重複省察。如果省略這些說明，就彷彿變成與孩童般單純性競爭之遊戲罷了。因而，需明確體驗作業，才更具有學習之意義；全體之互相交流，更是重要的一環了。

(6)回饋

①個人反省　在反省體驗結果，並了解其所含之意義同時，還要與全體成員互相共事，才能使學習更為深刻。為此，需如圖2—11、圖2—12，個人應予自己反省機會。

②組之檢省　記入檢討用紙的Ⅰ、Ⅱ內之內容，各組可宣讀出來。這樣才能了解個人之印象與感覺，及解釋方法是否有誤，並可明白各組進行狀況。各組亦可將數字表達出來的結果，統計或平均，以與他組比較之用。

在此需特別強調，雖然參加的學員，都有共同之體驗，但卻有不同的心得。而且必須經過互為肯定後，團隊精神才能更發揚光大。

若是被遊戲之勝敗因素所限，而無法獲得良好的回饋時，更需指示有必要作整體之檢討與反

表2—11 檢討用紙（Ⅰ）

1.你是以什麼積極態度參與此遊戲？請將你自認積極之程度明示出來。（0—10之間，5是表示普通）

消極地參加 0 ⊢—⊢—⊢—⊢—⊢—5—⊢—⊢—⊢—⊢—⊢ 10 積極地參加

2.你認爲參加這個遊戲後，有些什麼貢獻？（有幫助的）請將貢獻程度以數字表示出來。

毫無貢獻 0 ⊢—⊢—⊢—⊢—⊢—5—⊢—⊢—⊢—⊢—⊢ 10 極有貢獻

3.你認爲團體應有多少相互了解，才使遊戲得以進行？將自己之判斷記下來。

全無了解 ⊢———⊢———⊢———⊢———⊢ 非常了解

普通了解

4.你的組，是以什麼方式作爲決定發射，在下列的四個方法中，圈選其一出來。

第一回	第二回	第三回	第四回
1.1人獨斷決定	1.1人獨斷決定	1.1人獨斷決定	1.1人獨斷決定
2.2.3人商量決定	2.2.3人商量決定	2.2.3人商量決定	2.2.3人商量決定
3.多數人之決定	3.多數人之決定	3.多數人之決定	3.多數人之決定
4.全體一致決定	4.全體一致決定	4.全體一致決定	4.全體一致決定

5.透過這個遊戲，最具有領導能力者爲誰（包含你自己）？把名字記下，並將行動之理由也寫下來。

姓名＿＿＿＿＿＿＿＿　行動之理由＿＿＿＿＿＿＿＿＿＿

＿＿＿＿＿＿＿＿＿＿

姓名＿＿＿＿＿＿＿＿　行動之理由＿＿＿＿＿＿＿＿＿＿

＿＿＿＿＿＿＿＿＿＿

6.透過這個遊戲，你的組中誰受到的影響最多？請將人名與行動理由詳細寫明。包括正、負面之影響。

姓名＿＿＿＿＿＿＿＿　行動之理由＿＿＿＿＿＿＿＿＿＿

＿＿＿＿＿＿＿＿＿＿

姓名＿＿＿＿＿＿＿＿　行動之理由＿＿＿＿＿＿＿＿＿＿

＿＿＿＿＿＿＿＿＿＿

表2—12　檢討用紙（II）

透過這個遊戲，你對組盡些什麼責任？請回答下列各項。以及，同一組中其他之成員，亦詳載其之姓名。（包括你自己在內）

	你自己	組員姓名
	◎很努力 ○努　力 △馬馬虎虎 ×不努力	
1.為促進說明文字之易於理解，擔任解說者。	____	____
2.對不明說明文字者，擔任調整角色。	____	____
3.整理說明文字統一之共同解釋任務時。	____	____
4.促進發射決定角色時。	____	____
5.擔任鼓勵參加成員發言不踴躍之任務。	____	____
6.擔任提議與發射決定不同構想任務。	____	____
7.整理發射決定任務。	____	____
8.記錄、分析別組情報之責任。	____	____
9.引導發射決定任務。	____	____
10.若組之活動不踴躍時，擔任推動任務。	____	____
11.擔任發射之檢討評價。	____	____
12.全體綜合整理任務。	____	____

省，並探究其過程。

(7)總整理

①**各組之報告**　各組需向全學員把回饋之談論，簡潔性地報告。這樣，才能互相明白別組是採取什麼方式之經過進行。而且，同樣的作業何以不使用同樣的方法呢？

②**總評**　主持人在檢討整體之流程後，可把在遊戲中所學習之心得，編成一般性的短篇講義。最重要的一點是，不但提昇閱讀正確情報的方法，對不明確之解釋得以交換更正、分擔任務才能順利進行，以及領導能力的發揮事項、意思決定、問題等等，都可迎刃而解了。不管如何，都應隨時配合環境狀況隨機應變。

2.船長的決斷（遊戲⑭）

身為集團或組織活動的領導，應具有判斷力和決斷力。這個遊戲，就是在發生緊急事態時，可培養領導人具有迅即採取最適切行動之果斷力和實行力了；在緊急狀況下，由於時間急迫，在無法獲取正確知識或資訊之當時，領導者便要有當機立斷的準確判斷了。在那種關頭，究竟是什麼人才最值得信賴的？和直屬部下商量呢？抑或是自己一人作決定，委實令人迷惑；而這個遊戲之宗旨，便是在引導身為領隊，應作何種應變能力。

再者，以團體活動的觀點看，由各組互相研討而導引出結論的過程，就是依靠遊戲而加以學習的；經過各組一再研議，推論之每一決斷之過程，是進行這個遊戲的最佳體驗法。

(1)目的

①為學習領導能力的方法。

②為體驗自學員之一致，得以決斷之過程。

③為研究於緊急事態時，領導者之態度。

④為重新認識互相溝通之重要性。

⑤為比較個人之決斷與集團的意思決定，學習集團意思決定之過程。

(2)準備

①**人數**　一組編成六—十人，可分成五小組，共計有五十人參加

②**會場**　要能讓全體學員集聚一起，最初先開始個人方式，然後再進行各組討論的寬廣場地，甚至最好是能使全學員都能清楚地聽取講義的地方。

③**材料**　參加之學員需攜帶筆記用具。並準備參加人數的課題用紙，（表2—13）每人一張

，以及小組統計用紙（表2－14）、檢討用紙等。

(3)所需時間

合計約110分鐘。

①說明，約5分鐘。質疑應答，約5分鐘。

②個人作業，約15分鐘。

③各組研討之決議，約40分鐘。

④結果之發表與說明，約10分鐘。

⑤檢討反省，約20分鐘。

⑥全體之整理與講義，約15分鐘。

(4)順序與進行過程

①**遊戲的方法與宗旨之說明**　敍述於後。

「現在要發給各位問題用紙，讓各位都有當船長的機會；亦即船上之最高指揮官。相信這是各位很少經驗過的職業。但是，也即是憑著你們充當這個任務時所作之判斷，才得以學習領導者應具備之果斷能力。（問題用紙每人各發一張）

請各位一面看著問題用紙，一面繼續聽說明。現在你是船長，而船竟發生相撞事件，又加上霧氣甚濃，影響視線，當雷達發現對方船隻時，已經成了避之不及的危險狀態，船隻果然踫撞上了。因此，船長非即刻採取緊急措施不可。

這個遊戲的課題，是在所列的十五項需要處置的問題中，以你覺得最重要、非作立即解決的寫上『1』，其次重要的為『2』，依照順序寫至『15』為止。也許有人認為其中有全然不需要之項目，那就請把這一項列為最末位即可。但這遊戲需配合船長的處置方法，因此請選出十五個順位來。但是，要避免有同一順位情形出現；雖然，打高爾夫球是以同分為同順位，而在此不可出現有三個二位的現象，必須從一至十五的順位排列。

這樣說明後，可能還有人存疑，在並不十分了解細節的狀況下，也能作判斷嗎？我必須承認這個遊戲，的確是在作為判斷的資料和情報方面有所不足。可是，情報資料欠缺，正是需要藉助於正確之判斷；亦即在你們都不是專業船長的情況下，靠自己去加以審判；為了學習領導者之決斷力，這是你們必須進行之要點。

在這十五個項目中，還有不了解之處，請儘量發問。譬如，對『L』項目中所提之『封鎖船體破損區之水閘』之『水閘』，究竟是什麽的疑惑。這情形如同大樓為防火災蔓延而設置之防火牆一樣，即是以堵住水之浸流的門；而船隻也有防水之設備，使船不致下沈之裝置。

而這個遊戲的答案，是由作成問卷的船長（最具有豐富經驗之船長）所作的決斷，才是正確

表2—13 「船長之決斷」

你是船長

從×地出發，行至某灣，天色在不知不覺中近暮色了。一路風平浪靜，航行極為順利。突然間，竟然濃霧瀰漫，視界不佳，當雷達發現對方船隻時，已在閃避不及之下，兩艘船隻撞上了。

你既身為船長，就需採取因應處置。

在下列15個項目中，你認為最急切需要處理的寫上1，依次列至15順位。（避免同順位）。

請船長作決斷。

______ A 為避免船上人員興奮緊張，放點音樂。
______ B 命令乘員放下救生艇。
______ C 命令檢查發電機是否運轉中。
______ D 檢查附近海域圖。
______ E 分配各救生艇準備釣具。
______ F 請船醫準備醫療品。
______ G 為同舟共濟，準備綑綁身體之繩索。
______ H 於相撞現場配置乘員，把握確認事故狀況。
______ I 通知船上人員緊急事故戒備中。
______ J 讓各救生艇準備手放訊號。
______ K 準備神佛之護符。
______ L 封鎖船體破損區之閘門。
______ M 為救助對方之乘員，而放下救生艇。
______ N 準備搬出攜帶式無線電機。
______ O 向近航之船隻，發出ＳＯＳ之訊號。

解答。各位有15分鐘時間，請各自作決斷。」

②**開始**　先對準時間，限制15分鐘內，憑個人之判斷決定。

③**個人作業結束**　先確認每個是否作完15個順位，再作終了之指示。

④**說明小組決定之作業**　確定各個決定全部學員都完成後，再作小組之決定進行方式。下面即是說明。「以剛才各位所作的個人決定結果為資料，約有40分鐘的時間，再進行每組的決定。現在發給每一組『船長的決斷』的統計表。首先，將自己所作之決定結果寫在姓氏一之欄內。這個欄又分為兩小格，左側是把自己決定之順位，自A開始以數字記載。右側，則是真正的船長用來記錄其決定結果之差距的記入欄。

接著，各位以七人至十人為一組。然後，互相討論。先將各自的決定，按順序唸出來，讓所有學員記入自己的統計表內。如此，各組的每一個學員，才會有一份單一組每人所作決定之原始資料。以此為基礎資料進行研討，每一組再作一決定出來。

每組在討論時，並非以多數決定，或是剛才作成之資料為統計性之最大公約數之決定，也不應受一人發言所左右，而是於互相研討後，獲得彼此贊同之意見而決定的。也可說是透過努力之商議，而獲得一致之決定。亦即從自由而廣泛的觀點研討，使組之一致結果產生出來。所以才需設定四十分的充裕時間。總而言之，是希望所有學員能探討出彼此一致之結論。」

作上述之解說，即開始進行。

表2—14 「船長之決斷」組之統計表

姓名 / 品名	1		2		3		4		5		6		7		8		9		10		組之決定		船長決定
	自分	差		差		差		差		差		差		差		差		差		差		差	
A.音　樂																							
B.救 生 艇																							
C.發 電 機																							
D.地 形 圖																							
E.釣　具																							
F.醫 藥 品																							
G.繩　索																							
H.確認狀況																							
I.緊急事故通知																							
J.手放信號																							
K.神　佛																							
L.水　閘																							
M.救援對手																							
N.無線電機																							
O.求救信號																							
差距合計																							

⑤發表組和船長之決定　約莫40分鐘後，由各組代表發表其各組之決定。預先準備黑板或模造紙，以應全部小組呈示決定之用。所有小組之決定記載完後，才發表船長的意見，或記在船長欄亦可。

⑥解釋船長之決定　即說明船長何以分成十五個順位之理由。

首先，把這十五個項目，分成為必要項目，全然不需要項目、屬中間性質，不太需要決定順位的問題，大略地分成三類。

第一類之必要項目的第一點是把握狀況；即是以不管發生什麼事，或陷入什麼狀況等為先決條件。第二是必須進行應急處置，就是能在當場及早作應變處理。第三是大略地把握住一時之處理狀況，先行通知全部人員。第四是設法脫離險境狀態，第五才是發出SOS信號；而這種順序，是不能輕易改變的。這些原則適用於其他船舶之船長。不僅限於船長，就是身為領導者，擔負團體或組織之營運，若於活動進行中突然發生緊急狀況時，即刻採取一至五的處置方法，可能也是不變之原理。亦即在非常事故發生，領導者所判斷與採取之行動，與此具有共通性。

其次是不必要的，對船上作業毫無必要存在的，就是第十五項的播放音樂；在緊急事故發生時，反而在船上造成一種噪音，不但令人更加心焦氣躁，而且對實際的停電廣播設備等也派不上用場。而非常事態之通知，也並非依靠廣播設備，這在平時就已經準備在不時之需的網路設備，經由人之操作達到廣播之效。

十四項之神佛就不在贅述。至於十三的釣具，如長時間漂流於海上，或許還有用處呢！救生艇則早已存放著可以作為一星期左右的飲水和糧食了。另外，繩子是為船長和船艦所需之物，但現在已無什麽必要了，因為人命關天，救人要緊。過去一向是在盡人事之後，還需要有與船隻同舟共濟的精神。所以至十一項為止，是屬於盡人事項目，其後才接以繩索作為順位。而中間之項目，到底是哪一項為先則大同小異了。

以以上的方法作正解之說明為好。一般而言，第十五位之音樂有排至上位傾向。

船長的決定
A—15
B—4
C—6
D—8
E—13
F—11
G—12
H—1
I—3
J—9
K—14
L—2
M—10
N—7
O—5

(5)遊戲終了後進行方法

①計算誤差　呈示船長之正確決定、說明理由之後，以領導者之判斷與行動作為反省檢討的主題，是這個遊戲的第一部。

第二部是研討小組進行事項，一面回饋一面學習。尤其應以小組決定之過程與方法為其焦點。

首先計算誤差。這是船長之決定與各組之決定的比較，也是船長與最初個人所決定之比較。求出船長與各組決定各項目順位的絕對差，將其合計記於各組決定處之「差之合計」欄裡。例如，A之音樂項目，組之決定為七時，而船長則寫15，其絕對差是為8。而在差之欄寫上8。再如，各組將水閘門決定為3，船長認為是2，其差就是1等等，算出與船長的差，求出差之合計。

而後，再將個人差與各組差加起來除以人數，就能計算出個人的平均差來。如此，就能獲得下列的結果了；亦即表示各組所決定的，

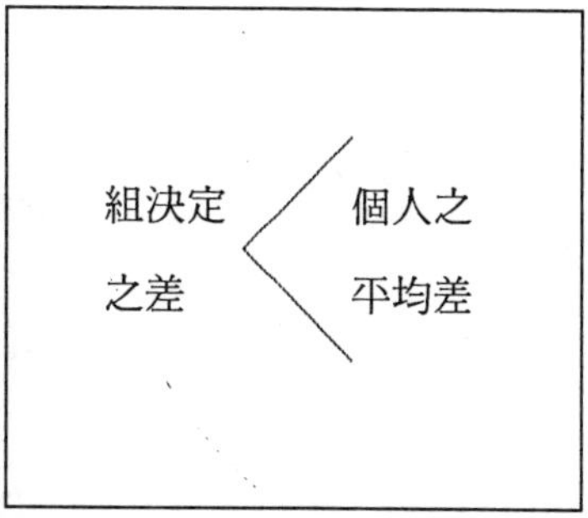

較個人平均差更接近於船長所決定之結果。這是因為透過彼此討論的結果，才得到的決定；互相交談的效果，所獲之一致結果，顯示更近似於船長的決定。

而且，也有些個人差之數值較個人平均差少，或小組所決定之差比數值還小。這種情形，即表示經過組之合議，也能使個人的決定，更接近於正解。若更廣泛的解釋，可說小組的決定，就是代表每個人的決定。也是從最初的個人決定變化為各組之決定，是顯示個人的決定產生了變化。同時，透過小組之相互作用，也產生了改變個人態度和見解的力量。

在實際的運作方面，未必一切均如前述之計算結果，有時也會有個人之平均誤差較組決定之差為小的情形出現，碰到這種場合，就必須於反省、檢討，及組於決定之過程演變中，找出真正

的原因出來。

②**反省檢討過程**　各組進行結果之檢討後，再反省應以什麼樣的態度去參加小組之討論和決定。在此，除了要著重事情與內容，同時並顧慮到各學員是以什麼心情來參與此種活動的？同時，於下決定前，各組的過程中，有些什麼功能以影響整個團體的回饋作用為重點。是故，需要對學員參與集團決定之態度，對集團貢獻之程度，以及各自滿足程度作一通盤了解後，再進行彼此之切磋。再就研討究竟是以何種方法予以決斷，是經過多數人決定，抑或是於少數人中，以領導為決定意思呢？依此，便能掌握住各學員所持之心態了。

3. 冬季求生者（遊戲⑮）

有一天，突然遭遇到意外事件時，我們應該採取什麼判斷、行動呢？如果缺乏冷靜的思考，狀況判斷又不確實，便就無從作適切之處置了。可是，有時面臨緊急事故時，必須由自己作冷靜判斷之必要，那就得和鄰近者切磋商討，才能決斷而有所行動了。

這個遊戲是當飛機緊急降落於加拿大和美國邊境零下四〇度以下的森林地帶，而設法想脫離困境而獲得救援的緊急狀況，必須採取什麼決定，是為團體遊戲解決問題的學習方法。意思決定有各種的方法，這裡只介紹兩種比較法。

第一是由小組先討論，而以一人進行判斷的方法，第二就是所謂的全體之一致法，即由小組進行充份討論後，才作成全員都同意之決定；第一種是即斷即決型（即速戰速決型），不需要花太多時間，但就決定性質而言，決定內容往往失之毫里，差之千里了；因為作為決斷所需之判斷資料，全是靠一個人之經驗或知識，所以才會產生這樣明顯的個人差異。

至於全體一致的意思決定，既然是由全體學員都發表自己的意見，其所花費的時間較久，又如有出現反對的意見時，時間將會持續更久，但因為是透過彼此交流，使心理上的感覺更為密切的體驗，加上被迫於在限制時間內所得之共識中，努力予以協調。所以全體一致之意思決定，是集合各對立之見解，而擴增情報量，使問題狀況更形明確化。同時，為獲得解決方法，所有學員必須努力發揮團隊力量，使各組形成一致之現象。

(1)目的

①為學習個人之決斷與集團的意思決定。
②為學習突發事件時，領導者之態度。
③為學習集團活動決斷所具備之情報，及資料取捨過程。
④為學習集團討論方法。

(2)準備

①**人數**　一組七至十人為宜，最好有三組以上。若止於兩組，其組間之比較，只成了極端的優劣比較而已。有三組以上的話，便能作較為客觀的比較了。

另外，若是一組在十餘人者，可推出二位觀察者，以便能觀察其組整個決定之過程。

②**會場**　有能讓全員齊聚一堂，進行互為溝通的寬大場地最佳。有個別房間更好，但大房子亦可。

③**材料**　準備如表2—15之設定問答和回答用紙，以及各組研討後之檢討用紙一組一張，和發表各組決定之記錄用紙（亦可用黑板）。

(3)所需時間

這個遊戲，約需100分鐘。

①說明遊戲主旨，進行方法與回答質疑，約5分鐘。

②個人之決定作業，約15分鐘。

③小組之討論與決定，約40分鐘。

④小組決定之發表，約10分鐘。

⑤檢討與過程之分析，約15分鐘。
⑥全體之研討與講義，約10分鐘。

(4)順序和進行過程

①遊戲說明　有關遊戲進行方法和規則方面，以如下之標準說明之。於問題用紙分發完後——「現在就要讓各位作一種決斷遊戲；這就是萬一在不可預知的狀況下遭遇了非常事故時，你將如何處置？問題之一，即是需由你自己取捨抉擇。請把發給各位之問題仔細地閱讀一遍後，將自己的意思決定寫在解答欄裡。我在解說完後，約有15分鐘的時間來進行個人之作業。

而第二個問題，是於個人作業完成後，再繼續進行小組的討論。首先將個人決定結果宣布出來，其他成員就在自己決定結果的用紙上清楚地記錄。由此推衍出，不但各個學員都有一份屬於全學員之個人決定的結果的記錄，相對的，所有學員也記載有各自決定的結果資料。

然後，再據此結果為參考資料，拓展學員交談之範圍，使意見一致是為團體的決定；然而，想使團體意見獲得協調劃一，並非易事，是故需充分了解對方之立場的溝通，以引導出團體之結論。這個需要準備40分鐘的時間。

各組意見獲得統一後，為要在全員面前宣布發表，請把它寫在黑板上，以便檢討事宜。小組在決定之過程，並非是多數人決定，或少數人的意思，故請設法努力去獲得全員之同意方可。」

表2—15 課　　題

你所搭乘之飛機，因天候惡劣而被迫降落。這裡是美國明尼蘇達州北部，和加拿大的馬尼都巴州南部國境線的森林中。現在是1月中旬，上午11時35分。只留下小型飛機的殘骸，而駕駛員不幸喪生，所幸7名乘客，只是受點輕傷，並無生命危險。

駕駛員曾廣播，為避暴風範圍，而改飛安全航線，但還是碰到暴風。據遭難前之報告，已確定是在小鄉鎮東北方約10公里的地點上。

降落地點是於密林中，根據氣象預報，這地方白天氣溫是攝氏零下25度，夜晚則降至零下40度。即使你穿著冬衣，只能在街上逛逛，絕無禦寒作用。何況只是著上班用靴子，及外套而已。

在這危急狀況下，應盡力試圖脫險，這就是所謂冬季生還者。

這就是課題。下列15種物品都有使用可能。你將為救援之15種物品中，以最重要的依次順位。最重要者寫上1，最不重要者寫上15。即是以最重要的從1記至15，但不可出現同順位的情形。

品　名	順　位
A.救急醫療品	
B.棉狀金屬刷	
C.打火機	
D.手槍一支	
E.報紙（各人資料用）	
F.指南針	
G.滑雪用手杖二隻	
H.水果刀一把	
I.塑膠製此地航空地圖	
J.棉繩10公尺	
K.大塊巧克力（每人一片）	
L.夜間用手電筒	
M.威士忌1瓶	
N.換洗用內衣（每人一套）	
O.豬油1罐（製餅用）	

作上述說明後，並接受回答，同時開始進行。

②**開始**　為要作各自之決定，請利用15分鐘內，在規定的用紙上詳細記錄下來。若設置觀察者時，務必於個人已作決定之後（觀察者自身亦需進行個人決定），各組能再設定一或兩個觀察者。在這種情形下，絕不能受到各組討論之影響，而能以冷靜客觀的態度予以觀察。當然，為要正確地觀察問題，需先準備確認表才行。

③**各組討論與決定**　如前面所述，根據發給各位的小組統計表開始研討，並進行小組之意思決定。其時，有充分的時間（約40分鐘），可作為互相討論以獲得組之協調。領隊要儘量安排能喚起學員表示贊同決定的環境和氣氛。而且，並要聲明這個課題，是以對遭遇過山難的專家所作的回答，為正確解答為主。

④**結果發表與宣布解答**　將各組之意思決定，於黑板或模造紙上作成一覽表，可讓各組明顯地區分各組之不同觀點和看法。這個程序結束後，才宣布正確解答；至於正解和理由，於次幾頁有詳細記載。

⑤**觀察者之任務**　設置觀察者任務之理由，是因其對每一種事物，可以不同立場為觀點，並於接受情報後，可加深團隊之溝通，這對團隊之促進了解與認識有益。

觀察者如能周詳地觀察討論過程，對於反省過程之分析，也極為有用。故希望能參照下列諸點予以注意。

(a)參與程度　要仔細地分析學員中誰最具有參與團體研討之熱誠，或是誰最缺乏。

(b)並要細心地發現，誰對決定最有舉足輕重的影響。而其影響力的關鍵，是否基於理性之剖解，抑或是噪音大、發言頻度多所致。

(c)同時要觀察誰對小組之決定過程寄予關心，或者毫不關懷，以及參與團隊活動的態度等。

(d)各組學員到底持有何感想呢？例如，可於小組進行議論時，氣氛之沈悶，或以第三者立場對小組進行遊戲時，所發現之缺失等重要的感觸，予以說明解釋。

(e)判斷在遊戲之作業中，誰最具有領導能力，或是應發揮其所長時，卻毫無表現的重點等，都不能放過。

(f)學員的有用情報或資料是在什麼地方呢？等等的決定內容，必須從知識與情報分析起。

⑥回饋　在此是據觀察者的報告為基礎，而進行團體之檢省；亦由觀察者擔負領導者之任務，將其彼此溝通之體驗互為交換。

正解之理由

1. **打火機**　對防寒有效。引火點燃後，至少可收到禦寒作用。至於第二點，則是產生亮光後，讓夜晚搜救隊容易辨識遇難方位。白天，也可藉冒出之煙霧為信號。總而言之，它具有加速辨識遇難處之用。

表2—16　冬季生還者

姓名／品名	1	2	3	4	5	6	7	8	9	10	11	12	組	正解
	差	差	差	差	差	差	差	差	差	差	差	差	差	
A.救急醫療品														
B.金屬刷														
C.打火機														
D.手槍														
E.報紙														
F.指南針														
G.滑雪杖														
H.水果刀														
I.航空地圖														
J.繩索														
K.巧克力														
L.手電筒														
M.威士忌														
N.內衣														
O.豬油														

2. **金屬刷**　可以點燃起火用。因是棉製，即使濡濕，卻是一點即著，用來簡便。

3. **替換內衣**　衣物的用處多，而且方便。不但可作為保暖、防寒，還可以成為指示，毯子等易燃物，具有多功能的性質；所以具有指示、點火、保暖防寒三大優點。

4. **巧克力**　檢拾木柴取火、保暖、指示等都需要能源；而含有碳水化合物之巧克力，便可說是身體熱能之來源。

5. **豬油罐**　可作多種用途。一是罐蓋可用作反射太陽光，作為鏡子之用，更可將信號傳至遙遠處；太陽出來時，更能發出蠟蠋五萬倍之亮度；更有其他意想不到的用法；若將其塗抹於身體，所暴露之部分，可免凍傷。同理，將油撒在某些物體上，也能方便其燃燒起來；衣物浸些油，可具有似蠟蠋般之亮光。甚至

表2—17 冬季生還者正解表

品目	順位
A.救急醫療品	11
B.金屬刷	2
C.打火機	1
D.手槍	9
E.報紙	8
F.指南針	15
G.滑雪拐杖	12
H.水果刀	10
I.航空地圖	14
J.繩索	7
K.巧克力	4
L.手電筒	6
M.威士忌	13
N.內衣	3
O.豬油	5

於罐內裝些雪塊，以火燃燒煮沸後，便成了飲料水了。即使是在嚴寒之冬季，仍有必要補給身體所需水分。

6.手電筒　手電筒可作為信號用。夜晚行走時很方便。但是，由於氣溫太低，電池不宜使用太久。

7.繩索　極有用之工具。為要保暖，可用它去綑綁樹枝。同時，切小段當作油之蕊心，並可縛裹身體，防冷風之灌入。

8.報紙　作為取火甚為方便。也可用來防寒。譬如，冷風滲入褲內，置報紙於裡面可取暖等等；還有多種功用。也可於閱讀報紙時，降低高昂激烈的情緒；讀它、寫字在上面、摺它、撕碎都可以。再者，如找到空地，可將報紙攤開，引起空中搜救飛行機的注意，以為指示用。

9.手槍　以槍聲作為信號。但手槍對於集團發生特別事故時，容易導致危險的情形。一般而言，手槍雖可用之狩獵，獵取動物儲存食糧，不過若是不善於使用手槍者，也無法擊中獵物；即使有所獵獲，而於搬運時亦需耗損大量的體力；是故，實際多將槍聲用為信號一途。

10.小刀　雖堪稱其為便利，但嚴冬時，使用不多，僅僅可用來切繩或將樹枝削尖而已。

11.救急醫療品　其中用途最多的是紗布，可將之如保鮮膜般，緊緊地束縛著身體保暖。或也可用為溶化豬油之火蕊；因此，醫療品在這種時候，可謂派不上用場。

12.滑雪手杖　這一項並不十分重要。頂多用於求援時，搖幌之旗幟；或於冰上行走時，測

圖2—7 決斷質與時間

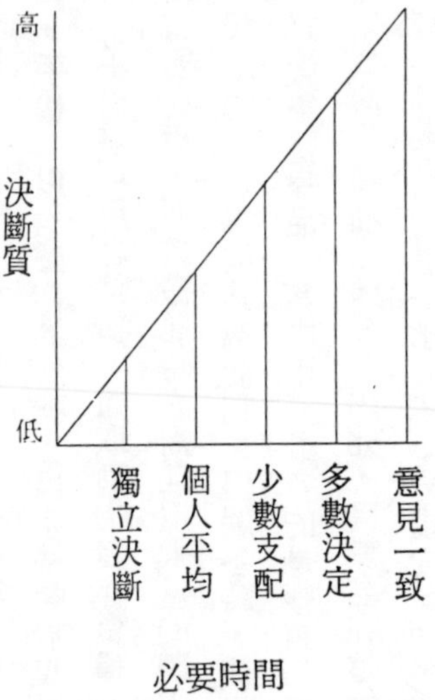

其是否有不堪負荷之慮罷了。

13.威士忌 其用途只是將之澆於燃燒火焰上，助其烈焰騰空罷，但卻是很危險的事情。若感寒意把它喝下，也許一時之間暖意湧上，卻更容易導致凍傷，更具危險性。或可以空瓶裝上飲用水，但總歸是效果不彰。

14.航空地圖 這也是較具危險性之項目。一般人都主觀地認為只要有地圖，便可找尋最接近出事地點的鄉鎮去避難，殊不知山難通常是意味著死；還是保持於原地，向外界指示更為妥當之舉。

15.指南針 凡是遭難者以為若持有指南針時，心中便很告慰，可依其方向行至附近小鎮之意。其實，它和第14項一樣，具有喪失生命之危險性。若一定要找出用途，那麼就僅使用磁石外殼反射太陽光，作為通知外界遇難場所之信號而已，功能不多。

(5)全體之整理與講義

領隊依下列內容敍述即可。

這個遊戲和「船長的決斷」是同一性質的，都是有關於集體的時間與質的方面。如圖2－7所示，一般認為一個人獨立決斷費時較久，但是，意見一致的決斷質卻高。而也並非斷言由各組學員互相討論而被同意之決斷更具效果。

這裡所學習的重點是必須配合場合和場所，有時需靠一個人獨自判斷和行動，有時則有由民主方式之多數決定才可成立。這個遊戲就是表示，如果決斷是在充分的資料和情報下整理出來的，也就無需特別加以決斷了；在必要和充分條件之滿足情況下，自然地就能獲得結論了。

因此，若是不能滿足其條件之時，當然就得由領導者決斷，或者是由各學員一致之意見；而由學員互相討論，也未必可得到資料或情報，以符合充分條件。只是透過彼此的意見交換，其信賴關係更為濃厚；能形成信賴關係，才能導引出更具效果之判斷。亦即人際關係之信賴感更良好，才能有理想的解決問題之道。

這種現象，在日常生活或工作方面的人際關係，也處處可見。透過彼此信賴，自然能發揮互助合作之精神，便能使不可能成為可能了，也能創造出關係之信賴力量。決斷雖然花費時間，卻能全力以赴去實行，是為意見一致之特徵。

6 意思決定遊戲
～團隊發達之成熟階段②～

在集團活動裡，能有效地發揮團隊精神，也能讓領隊有效運用指導能力，就是因為集團具有統一性。而且是由構成集團的每一份子，對於事情的想法或價值基準之互異，而產生了另一種新的變化。並以遊戲掌握過程，作為提供學員意思決定差異性之討論為題材，就是這個遊戲的終極目的。所以，並非只是單一的個人價值判斷或態度來作決定，而是在妥協與矛盾中促進其個人之意思決定，如此才能對集團之統一性發揮巨效。

1. 太空梭（遊戲⑯）

我們有時會耿耿於懷為何自己所想的與別人不同，到底其間有何差異呢?不管是對喜歡或厭惡這種極端性之差距的意思表示，也都能互相肯定。但是，稍為複雜些的觀念或價值判斷，竟連自己本身都難以確定，當然也就無法得知與他人之「差異性」了。

這遊戲是以一種材料為手段，將各自之價值判斷基準予以明確化外，同時參與團隊意思決定為意旨。可說是依據價值基準獲得明確化後，作為學習的方法諸多。而且，由於與團體有共識，在妥協與不得不變更價值基準的衝擊下，以學習參與團隊意思決定為體驗。

(1) 目的

①為著促進個人之意思決定。

②為體驗克服團體之意思與個人意思決定之差異。

③促進形成接受不同意思決定之態度。

④為獲得團體意思決定。

(2) 準備

①**人數**　一組五名至一二名，幾組都行。因此，大約可以有50名參加。

②**會場**　有能讓所有各小組親切進行交談之場所的必要。同時，可讓全體檢討、自由發表場地更佳。

③**材料**　問題用紙（表4—14）各自一張，筆記用具，為讓全體發表各組報告用之模造紙或黑板。

(3)所需時間

合計整個遊戲之進行，需時80分鐘。

①說明與分發問題用紙，約7分鐘。

②個人作業，約15分鐘。

③各組之溝通與意思決定作業，約30分鐘。

④結果之發表，約15分鐘。

⑤全體之檢討，約10分鐘。

(4)順序與進行過程

①**遊戲說明**　先說明問題。可參考下列之方法（但於問題用紙分發後再解說）。

「這遊戲是將問題用紙上所寫的，於十人中選出七人為目的之作業。

這是美國太空旅行社利用太空梭訪問月亮以及許多行星，並加以實施的計劃。因為此次是最後一次，所以邀請了十一位人士參加；但是這座太空梭只有七個座席。困難便在此發生了。經過這次說明後，只有一人肯退出，其餘十人態度十分強硬。既是最後的機會，所有學員都希望能如願以償，使我進退兩難；這十名成員不但是當仁不讓，而且還很堅持。現在，就是由你來擔當第三者，進行說服他們服從你的抉擇。

問題是希望你們自下列乘客表中選出七名來。而且，也要說明讓人心服口服，得以諒解之理由。同時以一人的結論為資料，再由整個組再行決定。

乘客表如下：

①交響樂團首席演奏（小提琴手）　三一歲、男。

②基督教牧師　六七歲、男。

③工程師　二三歲和其妻。（這對夫妻要同進退）

④中學老師　（專攻天文學）三二歲、女。

⑤職業棒球選手　（投手）三一歲、男。

⑥音樂家　（鋼琴演奏與作曲）五〇歲、女。

⑦醫師　（外科）四二歲、男。

⑧設計師　（服裝設計）三五歲、女。

⑨政治家　（議員）五三歲、男。

最初由個人各自判斷，選出七人之方式。並將其何以作此選擇理由記於備註欄，這部分約為15分鐘。然後，設定30分鐘時間，作為小組商討，並說明各自結果與理由外，同時導引出一個終結。」

表2—18 太空梭

乘　　客	選中	理　　由
1.交響樂首席演奏（小提琴手）男31歲		
2.基督教牧師男67歲		
3.工程師23歲和其妻（夫妻同進退）		
4.中學老師（攻天文）女32歲		
5.棒球選手（投手）男31歲		
6.音樂家（鋼琴演奏與作曲）女50歲		
7.醫師（外科）男42歲		
8.設計師（服裝設計）女35歲		
9.政治家（議員）男53歲		

說明完畢，並接受質疑，也讓學員對遊戲之規則與目的有充分的了解後，再進行之。

②**開始**　先開始個人作業，並指示這遊戲是避免與隔鄰者研商，而是以個人判斷為結論的。

③**有關小組之決定**　在作個人價值判斷時，即已被認同對此課題內容有相當的理解，故才根據其各自之決定以為資料，讓小組互相研究，而理出小組統一之結論。此時，不管是由多數人、或自己一人獨立判斷，或由少數人之決定等方式均可。但需於限制時間30分鐘內，將難以統一之結果，作一具體性之總結。

至於小組之決定，也是透過小組決定理由獲得彼此同意後，方才整理出來的。

(5)遊戲結束後之說明

①**結果之發表**　在發表各組搭乘太空梭的七人名單同時，亦要將理由明白表示。其實，這個遊戲並沒有正確的答案，只是在歸納各別的理由中，以及決定的過程中所產生的影響，而發現所有學員都各有其不同的想法和價值觀。因而，隨著結果發表之理由或過程時，並有充分檢省之必要，乃是身為領導者應注意之事項。

②**結果之探討**　各自最初之結果，即是個人判斷決定之價值基準，以和小組決定之價值判斷作一比較後，可將他們對事情持何看法、想法及價值觀等，作為互相研討之話題；由於進行意見交換，在相互影響中，各人才有學習心得之機會。

而且，此遊戲是以各組作意思決定之進行中，也能明瞭各學員在參與過程中的種種表現形態；亦即透過全體過程之回饋，得以測知個人與整體的關係。也可使用問卷調查方式，也可獲取意識調查的資料以為素材，而加深彼此的溝通。

③**整理**　遊戲進行終了後，需將所獲得之心得或感想，作一總結；除了可將體驗學習作為個人之學習外，如能提供體驗之資料，也是非常有趣味性的；而且，若將體驗予以言語化，使其更為普及，將使整個遊戲提昇為富有深刻意義之層面。

下面即列舉領隊需作總論之重點——

①在彼此行動時，雖不需借用言語，但要有自己的價值判斷的基準；當然，其基準往往因人而異。

②應該尊重彼此的價值判斷與基準；肯定對方的立場是非常重要的。

③有關彼此行動基準，需先表達出來，而獲得認同。能作這種互為交換之說明，對相互連帶感有益。

④以小組決定之作業，可謂是一新嘗試；在此體驗中，可學習到堅持自己的主張時，也能接受他人想法與價值觀的態度。

⑤小組作業不應執著於主張個性表現，應試著改變自己的意見或態度，互相妥協、認同；擁有這種彈性之態度和協調性，對工作環境，是不可或缺的條件。

⑥小組決定的方法。應視時間、場所而定。若無唯一絕對的好方法，那就要配合TPO來執行了。

⑦在進行小組討論時，雖然較為花費時間，但卻能促進相互間的了解，也能培養工作氣氛，更能提高其協調性。

⑧能互為妥協，亦有主張，也能認同的彈性，是為要完成工作環境或教育訓練目的，所應具備的態度；反之，不應固執個人的主張、立場或價值觀，而應積極地觀察全體之情況，以透視自己適合的角色而表現；也就表示需要於整體活動時，尋找出角色表現之重要性。

2. 海灘愛情故事（遊戲⑰）

在急需判斷與下決定時，應儘量要冷靜、客觀；即是有理性的判斷，才更具有意義。但是，在日常生活中，未必都能作理性的判斷，或冷靜地思考為其基本準則。有時也會以情緒化或任性而決定的。若有「我知道，但沒辦法呀！」的情形，那就必然不會作客觀而理性的果斷了。

在此，設定於某種狀況下，讓所有學員嘗試自己判斷之後，再與小組互相商議，使各自之價值判斷互相交流為目的。這個遊戲並沒有特別客觀而正確的決斷，反而是有意地讓成員從事情緒化的價值判斷；就是想測驗於平時的狀況，作何道德觀之價值判斷。

(1) 目的

①為了比較道德價值判斷。
②為要形成團隊共通之倫理價值觀。
③為明確包含情緒性價值觀。
④為了解彼此之倫理觀和判斷基準的差別。

(2)準備

①人數　原則是以個人遊戲為主，一組以十人為一單位，可編成數組。

②會場　能讓所有學員自由討論。室內亦可。

③材料　準備問題（表2—19）、課題（表2—20）各組一張。以及作為各組發表宣布結果所用之黑板或模造紙，和筆記用具。

(3)所需時間

①指導說明，約7分鐘（分發問題紙）。

②分發課題用紙並且記錄，約15分鐘。

③結果發表，約5分鐘。

④各組之研議，約20分鐘。

⑤檢討，約10分鐘。

⑥全體總論，約10分鐘。

(4)順序和進行過程

表2—19　問題

有五人共乘之渡輪，突遭大風襲擊而沉沒。所幸搭上了二艘救生艇。一艘為年輕女性瑪麗和水手傑克，以及和藹老人羅勃共乘。另一艘則為瑪麗未婚夫彼德及其親友麥克。在狂暴之浪濤中，這兩艘艇因而被吹散了。

瑪麗之救生艇，漂流至一小島上。而瑪麗卻祈禱生死未卜之未婚夫彼德，能安然無恙；她不放棄任何線索，想盡辦法要找到彼德的影蹤，但卻毫無所獲。

過了兩天，暴風雨停了，天氣晴朗的可以清晰遙望對岸的早晨，瑪麗便暗自認為彼德一定是漂至對岸之島嶼去了。瑪麗不放棄尋找未婚夫念頭、於是向傑克要求「你可否將此船修理好，載我去找尋彼德，好嗎？」而傑克也答應修好這艘艇，但條件是要瑪麗與之一渡春宵。

瑪麗聽後，甚是困擾，乃去找老人羅勃商量。「我真的很為難，不知如何是好，你可否替我想點對策？」而羅勃卻說：「我不能給你任何意見，這件事對你而言，如何去選擇是對的，或是錯的，必須由你自己本身去作最明智之抉擇。」

幾經懊惱後，瑪麗終於答應了傑克之要求。

翌日，傑克將修復之救生艇，載著瑪麗便朝以為是彼德滯留之島去。

靠近那個島時，發現彼德果然無恙。瑪麗狂喜之際，迫不及待的自船上跑下來，急速地投入了彼德的懷抱。被彼德溫暖懷抱緊擁著的瑪麗，正在為昨夜之事困擾著，最後，還是決定要對彼德坦誠以告。

彼德聽完後十分激怒，幾致瘋狂地叫道：「我再也不要見到妳了！」然後就消失無蹤了。瑪麗在傷心欲絕下，淚眼婆娑地奔至沙灘。

見此情景之彼德親友麥克，便趨向瑪麗前面安慰她。並說道：「瑪麗，我以前就非常喜歡妳，但因好友彼德也深愛著妳，所以我才不敢向妳吐露情意。現在事情已很明顯，妳和彼德已經結束了，那我就向妳求婚。」

事出突然，一時令瑪麗愕然，而不知所措。

①遊戲進行方法之說明 先讓學員將問題表「海灘的愛情故事」看一遍。再依下列說明引導之。

「現在請各位聽一則故事；這個故事是發生於某一國家，共有五個人物。先發給各位寫這則故事之問題表和課題表。當各位聽完敍述後，便將這五個角色做一比較，你覺得最具切身關係者，即是最令人具有好感的寫上，第二個具有好感的，就依著順序選擇。反過來，或在這五個人中，你最討厭，或全然沒有好感者，也依順位設定。然後，在理由欄內簡單的記錄其作決定價值之緣由。課題表亦有個人決定欄，因此請將各自設定之順位記載下來。這個部分約需15分鐘。

接著，再以組來發表各自決定之記錄。各位將課題表2的欄內各學員之部分，記入其各自發表結果。由此，可以明顯的表示在所有學員中認為誰最受歡迎，又誰最令人厭棄者。然後，可依據整理之資料（全員之個人決定）為素材，討論各組有些什麼結果，再由全員進行交談，獲得全部同意為決定順位。不過，若主持人具有高效率的方式進行也可，但此際並未設定特別的主持人以為決定，而是經由所有成員之研討，以及展開溝通，而尋求結論的遊戲。故就各組之討論，所需時間大約預定為20分鐘。

若有不解之處，儘管發問。若各位都已明白，那麼就可開始了」等，作如此解說。

在進行遊戲時，需對規則之前提有極充分之理解。若在一知半解中，多半無法達成所期待的目的，而且也造成別的學員之困惑，所以，非有徹底之認知不可。

②**各組討論**　在團隊之討論中最重要的是，並非能如何冷靜地表達理性之理由為重心，而是根據各自感情的判斷，更貼切地說，乃是其理由並無好惡之分，純粹只是屬於自己感性之決斷而已。例如，毫無理由可說的不投緣，明知自己理屈，卻又無法具體解說的一種現象，如果都能將理由明白表示出來，彼此也能了解的立場；而討論之焦點，便是在這些不合理性的現象中的判斷和決定，希望輔導學員以冷靜心態加入討論的行列。

③**回饋**　各組之交談，即是強調彼此態度或對事情觀點的差異性，在此，便是更明確地加強，使其普及化並加以規範的原理。

若遇著極端想法的人，在不肯退讓而形成彼此對立的狀況時，需盡力接受對方的意思表示；而其他成員可將此事態作為回饋，也是一種小組研究方式。所謂回饋，其旨不在只偏重於結果之互異，而是在各組之交換過程不斷地反省檢討，能坦然面對其所改變之觀念或態度，影響別人或受他人影響等等現象之事實，才是很重要的。其實，回饋就是能重新檢討，在相互溝通中尋出應採取之軌跡。

(5)遊戲結束後之整理

基本上，參與者之討論，感觸、過程、回饋都是有學習之價值，故於每人都獲得心得下，這個遊戲就可宣告終了。但這除了對道德的或倫理的判斷，誠如這遊戲所含概之二律背反的問題，領隊應配合遊戲之意圖，表明自己的想法及評價。

下述說明即為一例，請予參照。

第一位之瑪麗和彼德都有其共通點。但他倆的性格並不相同，最後終致分手，甚而成了仇敵之關係。而在專情方面，卻有點雷同；瑪麗的熱情，使她對感情不易產生動搖，其未婚夫亦可說為是相同典型者，只不過彼德之專情，是以自己的意志、價值觀為依歸，變成了溫情主義者。亦即兩人近似之熱情之固定模式，只限於熱情能源和教條主義性質上而已。

至於選老人羅勃者可能不少。其理由多為不想與人競爭，而以尊重對方立場的論理學家；能諒解對方的立場，儼然是諮詢顧問；但卻令人只覺得他是息事寧人者；即使他已經積極的想去幫忙別人，其態度卻予人消極的、被動的感覺。換言之，即是負性之自我主義者。而彼德也大同小異，他雖非負面之自我中心主義者，但可稱之為教條式的自我主義者罷？因此，羅勃和彼德是兩個類似的人。

再者，傑克又如何呢？把他列為第一位的就少了吧。有些人對其真誠赤裸的表達，看成是人類極自然的表現行動，而對他產生好感。反之，也有人視其太原始，而不可原諒。這一點方面，傑克和羅勃是一脈相通的；羅勃的不惹是非的行為並不做作或掩飾，而是極自然的對應；因此，他們兩人之共通點，就是在於毫不掩飾地作自我表現，故讓有些人覺得稱許。

好友麥克又怎麼解釋呢？他是最後獲得瑪麗的行動派和本能者。這點又和傑克有相似處。不

表2—20　課題表

個人順位	登場人物	理　　由
	傑克（水手）	
	瑪麗（年輕女性）	
	羅勃（老人）	
	彼德（未婚夫）	
	麥克（親友）	

2.請將各組之討論爲順位。不管用什麼形式決定都可以，但請全部學員參加討論，以其所同意之決定爲決定順位。

成員 登場人物	1	2	3	4	5	6	7	8	9	10	組
傑克（水手）											
瑪麗（年輕女性）											
羅勃（老人）											
彼德（未婚夫）											
麥克（親友）											

但熱情，其鍥而不捨的精神，和瑪麗有幾分神似。

從這些組合而掌握其共通點，可知這五人各有其優劣，而難以判斷。但是，我們日常生活的習慣、道德規範、或生活欲求，都是經由互為組合起來，而成為一種行動的決斷，所以是不能一概而論的。將這些問題作深入思考，對此遊戲才更為有效。足見，所謂的代溝、男女間之道德觀，或對「愛情」的看法所產生的差距，既然連同一世代的人之見解都有其差距分歧點，尋求這些差異之原因，將是深具考驗的事。

第二章 領導者之心得

1 領導者應有之態度

教育訓練是配合個人電腦時代，以活用遊戲性、虛構性、義務性等特徵為體驗學習。其主要之目的，在於改善工作團體之溝通和提高團隊精神，樹立加強彼此之信賴關係；亦即人際關係之獲得改善，造成以新組織為根基的工作團體，為最終目標。

因此，作為推動這個遊戲的訓練之領導人，應該持有什麽態度呢？他不但自己本身要自我啟發，而且，還要努力以自己之心得作為遊戲的體驗學習。首先，應具備有四種心態。

1. 學習心態

人際關係要有所改善，建立團隊精神之基礎，就得靠每位成員的力量；而個人之動機與積極的參與態度，便是最重要的關鍵。是故，需要有積極的學習意願方可。也就是對學習要有興趣與喜悅；而領導者態度的得當與否，往往維繫著所有成員之學習動機。

領導者須具備有重視學員為主之學習，換句話說，就是重視每個主體的學習心態。在進行教育或訓練活動期間，身為領導人物都希望每個參與者，都能達到極高的水準。既然瞭解去尊重個人主體的學習，對其本身也要作很嚴格的自我要求。若是太執著於身為社會人，應有某種程度的學習態度時，很容易形成忽略了學習者之主體的現象。而遊戲學習，則是偏重在個人為主體的體驗方面。是故，領導者應配合個人的學習意願為焦點，讓他們具有學習心態，才是當務之急。

2. 傾聽心態

所謂傾聽態度，是站在對方立場聆聽對方談話；亦即以對方地位，而聽取對方之話。也許領導者已明白自己心中的感覺，可是也要設法讓對方（學員）有機會表示自己的立場和有些什麼想法。既然靠學員本人的力量而學習為此基本原則，但是接受對方感情或思想的動向為先決條件。所以，才稱此為傾聽心態。

而傾聽心態有三大特徵。

第一、是站在對方立場聽取之態度，讓對方發現有人正在洗耳恭聽，他便會很愉悅地把自己心中的感覺敍說出來。換言之，即是憑自己的努力，來確證自己心中感觸之作業之意。也能促進對方的自我啟發。

第二、由於肯認真聽的態度，讓對方以為自己說的話能被領導者接受，而於無形中對其湧現信賴感。傾聽能透過因為接受對方，而建立一種信賴關係。

第三、因彼此之信賴感已然確立，對方也會接受領導者的發言或意見表示。可謂雖與自己的觀點相異，卻能欣然認定對方意見之成立。由於如此，這種關係之形成才富有變化；而這變化可推動自身之力量，去學習新事物。

傾聽心態如前所述，需在尊重對方之同時，也與其產生連帶關係，協助對方進入憑自己之主體的學習過程。

3.說明過程態度

教育訓練首重於成果之評價。站在推行教育訓練立場者而言，無可厚非的是急欲了解在整個過程中，有些什麼具體的收穫。但是，其所要求的並非為個人之成果，而是以領導者自身所要求之水準，來評價全體的結果。

然而，使用遊戲的學習體驗，也不僅想獲得劃一性的結果，更重要的是每一個學員，在所訓練的過程中，學到了些什麼為依歸。過程心態即是要鼓勵、推動每個人具有自發自動之精神，認真地去作有效益之學習，才是本遊戲之終極目標，而不是一味的只求結果而已。其實，每人各有其獨特之進行方法，和其不同的過程。身為領導者就需擁有這種胸襟加以接受，能促進學員學習之熱誠，是為領導者急切之課題。

4. 團結態度

雖然需要調和適合於每一個成員學習之環境與氣氛，更不能忽視了團體之所需。因為這些遊戲既是在各組之相互作用中彼此體會學習，更需顧及到全學員所處之氣氛是否和諧，並觀察整體的動態；因此，領導者本身不但要親自參與，並且也要一面學習，如此方能對全體之流程有概括性瞭解。換言之，除了具備參加活動的狂熱外，而且還需用冷靜、理性的敏銳觀察力，對各組從事那些事項作深入的判斷。

基於此，領導者是個擁有與普通的教育訓練更為獨特之觀點與態度的人，才能有輔導成員配合遊戲進行之才能。

2 團隊過程

透過團體的活動，作為檢視所有成員究竟是以什麼態度參加活動，而作為介紹之學習素材；如果領導者先對過程檢討，並了解學員之動態，可對全體學員的進行方針有所助益。

1. 汽車回饋（遊戲⑱）

在團體活動後，在互為檢討成員是以什麼樣的態度，或是分擔什麼任務，都是以各人之眼光為標準進行研究後，團隊的學習成果將更為深厚了。以這種內容作為遊戲方法，即是所謂之回饋作用。

(1) 目的

①為反省所扮演角色，透過活動所呈現之自己的成果。
②為明確在全體活動中所擔任之角色。

圖3—1　汽車簡略圖

③為製造作為活動分析，反省機會之素材。

(2)準備

①**人數**　小組（以七人至一二人）為適宜。幾組都可以。

②**會場**　能讓所有學員參與之場地尤佳。

③**材料**　筆記用具、圖（3—1）般的汽車簡略圖每人一張。

(3)所需時間

這個遊戲，大約需時30分鐘。

①說明，約5分鐘。

②個人記錄作業，約5分鐘。

③記錄結果之發表，約15分鐘。

④全體之檢討，約10分鐘。

⑷順序與進行過程

①遊戲之進行與說明 若將遊戲比喻為汽車的零件，即是在團體活動中，各人分擔何種任務，以達到回饋之主旨的遊戲。以下列例子說明。

「從現在開始，要請各位反省剛才進行活動的過程。將自己所擔任之角色，或其他成員有些什麼表現，就像是一部汽車的零件一樣，請將各自表現寫在分發給各位手中之汽車略圖上。其特色是可做自由想像、但需經過取捨選擇，即是對本人而言，最為主要的角色；自己先做多方面之比喻再作抉擇之意。

譬如，記錄擔任方向盤之任務；其初衷為以領導者之資充當團隊之熟練駕駛員。或者擔當「除泥板」的義務，可說是擔任別人排斥之工作，但為了整個團體，卻願意貢獻於它。就是如此這般的，個人各自塡寫組之每一成員所負擔之工作，然後比較其結果，再整理成全員反省之資料。有關零件之名稱或功能，可自由去設定。車子的零件和機能即象徵學員之功能明確化，就是此遊戲最終目的」等，可作如是解釋，並接受質詢。

事實上，為要比喻零件和其功能，在短時間內是無法達成的，而下列之舉例，不妨參考之。

剎車器：意即阻止團隊之進行。

方向燈：即指示團隊應進行之方向。但僅止於指示，卻乏實行功效。

車頭燈：擔任站在團隊之前方，指示應行之途徑，需經常保持亮度，卻不見得能照到每個角落而無遺漏。

車後燈：多半呈紅色，但僅尾隨於團隊最後而已。

方向盤：意指領隊的指揮。在調整時，可保持整體平衡。

雨刷：雖嫌煩瑣，亦不失規則，遇有霧氣時，即能清除使之清淨明朗；亦表示可於團體內明確所產生之事實，並有排除誤解功效。

汽車音響：可調節氣氛，使團體保持鮮感度。但偶而也會製造所謂的噪音。

散熱器：當團隊於進行遊戲進入狂熱化階段，就會產生冷卻作用，讓其維持經常冷靜狀態。

加速器：始終擔任著鼓舞團隊之角色；即能使其發動。

天線：分擔收集他組之動向和情報。

除泥板：似乎極樂意扮演清除雜務之責。

有刺輪胎：發言喜歡帶刺。有時甚至撒砂塵。

４ＷＤ：在團隊裡，各學員擔任發揮強化組之機能與力量者。

②記錄結果發表　將結果表交結學員。不但各學員都有屬於自己所記載的，而其他成員也應交付其本人。因此，各學員不但擁有其他學員所作之零件表，也有一份是自己的記錄。由此，可比較其所匯集之零件表是否具有共通性，也要檢討自身於團隊中擔負著何種性質之工作。

手上拿著零件表，一一陳述各自的感想，並熱烈研討於團隊中，還需要加強些哪一部分之零件等。

③**全體之整理與回饋** 每組於進行回饋時，所探討的無非是以整體過程為重點。在此，便可於全體的談論中，假設自己的組是屬於何種車種。是否具有如傾斜胎或旅行車般堅韌之裝備。或者，有關自己應換些什麼零件，將學員希望之零件提供出來以為參考，最是理想不過，同時在熱烈交談時，無形中便增進彼此之感情，使得遊戲過程更為深刻生動。

2. 印象回饋法（遊戲⑲）

團體活動或組之訓練結束後，其反省活動之過程，以及遊戲結束之總檢討的方法種類很多。在此，將利用成對之形容詞，即所謂語意分化（Semantic differential）的心理測驗方式，作為每組學員所有之印象回饋、檢討用。

(1)目的

①將各人對其他學員之印象，以間接方法傳達。

②為檢討團隊之過程。

③為實行自己本身之回饋。

(2)準備

①人數　一組以七人至十人為一單位。人數約為50人左右為宜。

②會場　能設定讓所有成員自由交談場所為佳，讓全體能聚在一起。

③材料　準備各組每人一張用紙（圖3—2）、黑板、筆記等。

(3)所需時間

這個遊戲合計為40分鐘。

①說明，約5分鐘。

②記錄，約10分鐘。

③記入結果之交換與溝通，約15分鐘。

④全體檢討，約10分鐘。

(4)順序與進行過程

①遊戲方法與說明　這個遊戲是作為回饋的一種技巧，以每個成員對其他學員有什麽印象，

以及別的成員對自己的印象，利用形容詞測驗的方法。其方法說明如下：

「現在要開始檢討各組剛才所進行的過程。對於一起進行遊戲之伙伴，各位有些什麽特殊印象，並將彼此的印象互為交換，可作為觀察憑自己的行動表現給予整體的反應之機會。所以，現在要分給各位測驗紙。在這紙上，不但要記錄自己的，同時也包括自己對其他學員之感觸與印象，因此每人身邊需有確實的所有學員人數的張數。

首先於『姓氏欄』寫上姓名。寫完後，一面在腦海中回想對每個人的印象，然後在成對形容詞的各項目中，選其最適當的，在數字的地方圈一個○之記號。而各項目需作各自的判斷，不要求具有系統性，只需將自己坦率的印象，在每一項目中以數字表示。也許有些組合成之對，和自己的印象不符，但還是要以成對之形容詞表達自己的印象出來。

由此可知，藉著這個方式可將過去模糊不清的印象予以清晰化了。如果各位都了解遊戲方法，馬上就可開始進行了。」以這種方法說明，並接受詢疑，讓學員能充分理解。

②**結果之整理與討論**　全員記載完畢，便可交換用紙。把用紙交給寫上姓名的人。換言之，交回到自己手上的紙，寫著所有學員對其之印象。然後再評分；方法很簡單，只要把○之記號合計總數即可。分數愈高者，表示予以深刻的好印象。以七十為滿分，四十分為平均分數，超過四十分，可判斷予人印象良好。也可解釋為彼此已建立了親密關係。

這些用紙雖然需寫出「對什麽人」等，但卻是不記名方式，只知是接受來自於學員之一的印

圖3－2　印象測驗紙

＿＿＿＿＿＿（先生）（小姐）

	非常的	相當	稍微	難判斷	稍微	相當	非常的		
1.文靜的	1	2	3	4	5	6	7	活潑的	＿＿＿
2.不易親近	1	2	3	4	5	6	7	容易親近	＿＿＿
3.差勁的	1	2	3	4	5	6	7	優秀的	＿＿＿
4.矛盾的	1	2	3	4	5	6	7	一貫的	＿＿＿
5.冷淡的	1	2	3	4	5	6	7	溫和的	＿＿＿
6.錯誤的	1	2	3	4	5	6	7	正確的	＿＿＿
7.不完全的	1	2	3	4	5	6	7	完全的	＿＿＿
8.不可靠	1	2	3	4	5	6	7	可靠的	＿＿＿
9.不熱心	1	2	3	4	5	6	7	熱心	＿＿＿
10.敵對的	1	2	3	4	5	6	7	支持的	＿＿＿
								合計	＿＿＿

象，故以匿名為其特徵。因而，可獲得率直的回饋。若所接受的多半是全體好感度高的數字，即表示予人印象很好；但若是數字各有不同時，亦即總成績是予人好印象，反之，數字有個別差異時，就表示只有某些人對你有親密感，有一部分卻不見得有同感，這也可稱為一種回饋現象；不僅可成為自己的資料，也成了全體的話題。

整理完後，就由各組進行互相討論。

③**全體之檢討**　使用印象測驗的理由，是想以間接性的心理測驗意味了解人際關係之親密關係的程度，並非經由直接的方式，而是利

用「彼此共鳴」的技法，獲得最接近真實的狀況，作為回饋之用。按照遊戲的說明方式，進行各自率真的交流，以提供團體活動過程的資料為整理之目標。因此，將各自之印象、感想、檢討之過程，相互回饋後，形成團體之和諧，是非常重要的。

這些體驗，不但對職業團體的精神有助益，同時於情感交流中，培養觀察過程之眼光，使得整體之活動的協助體制能更為堅固。

3.雷達圖（遊戲⑳）

無論是遊戲之學習，或職業團體團隊精神之作業，都是於透過整個流程中，學員是以什麼態度接受，或抱持著何種心情，才是令人關切之事。因而，身為領導者有確認整個團體的進行狀況，以及每個參加學員的想法之必要。而能將整個展開過程，以數量來確認的方法便是雷達圖了。如圖3—3，從五個大項中來反省進行之過程、交談或遊戲狀況。茲將五個領域敍述如後。

1.是團體的氣氛。領隊要憑自己的眼光判斷，學員參與遊戲的程度，是否自發而積極，以及學員間是否建立了信賴關係和協調性等，同時對學員進行問卷調查。

2.是解決問題狀況。學員為解決問題，是否有效地加入活動，或擔任自己的使命，以及是否能靈活運用有效的解決方法，這些都是身為領導者必需注意事項。

圖3—3　雷達圖

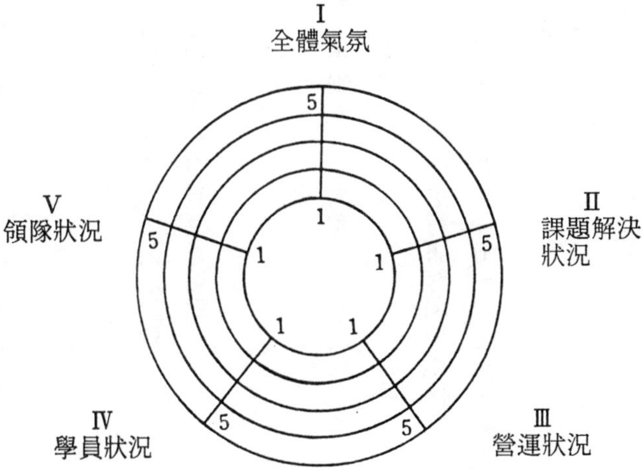

3.是營運狀況。領隊為了能適度地調配整體運作之進行時間，需要利用充分多元化之資料或情報來明確。

4.是學員的情形。這項就不是靠領隊自身的判斷了，而是以分發給所有學員之明確表（其方法於後敍述）為其檢討反省之材料。從所記載的明細，便可窺得學員是否積極地參與，或對領導是否寄予信任，同時也對其自身所負之責任，對整個團隊之貢獻，也都有詳細記錄。領導者便可計算出其結果，作為評價領域。

5.是領導者狀況。領導者本身也應確認是否有將領導能力作有效之發揮。

對於各領域之五個項目，領隊可採取一分至五分之間，作為自身的印象記錄，求出各領域平均分數，將之記在圖3—3的表中，各點用線連接起來。使完成之圖形或偏向，成為領隊本身反省的材料。

而學員的記錄，可依下列要領解釋明示。

(1)目的

①為要分析而觀察全體活動之過程。

②以彼此間之過程為其反省重點。

(2)準備

①人數　不限人數，大體上以七人至十人，能相互交談為主。（這裡也可參照過去團隊活動方式的人數）

②會場　以能讓各組進行研討場地爲佳。

③材料　準備如圖3－4(i)、(iv)兩種用紙，各人一張。並且包括黑板或模造紙、筆記用具。

(3)所需時間

所有的進行過程，約需25分鐘。

①說明，約5分鐘。

②記錄，約5分鐘。

③結果之統計與討論，約10分鐘。

④全體之反省，約5分鐘。

(4)順序與進行過程

①說明與記錄　分發給學員雷達圖用紙後，就作如下之說明——

「從一開始便和各位一起進行遊戲，或與之合作之作業。相信在整個合作交流的過程中，各位一定會有許多的感觸。現在就請你們把心中的感想，在用紙上的各項中予以評分。這遊戲所以稱作雷達圖，因為其和飛機所含概之裝配雷達，具有相同之形態，雷達的任務是尋找之意，亦即你們也要各自探索彼此之情緒。首先使用圖3—4—(iv)成員情況的用紙。在檢討所進行之流程和團隊活動後，你把自己參與活動的態度，用數字作答。若是欠缺自發性者，請在1之欄內圈上○印。同樣的問題有五個，請將自己的情形詳細回答。再者，第二張是關於「團隊氣氛」（圖3—4—(i)的問卷調查用紙。也請把你的所感於各項目以數字記錄之。這二張的作業終了後，各位便以此為根據，進行彼此之討論與檢討」將這遊戲主旨與手續作此等說明。

②結果之統計與討論　各學員所記載之問卷用紙，即是為了要了解所有學員的情況之統計。而統計的方法，需要切實配合場、地等條件。最普通的方法，就是利用團隊氣氛的圖示，各人計

圖3－4－(i)　雷達圖（Ⅰ氣氛）項目

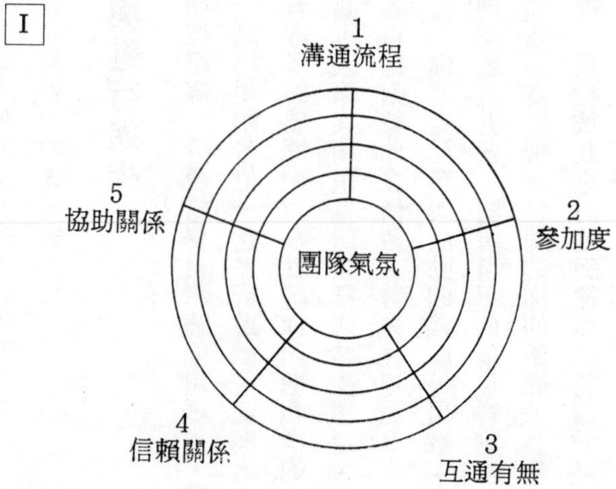

1.溝　通（交談流程）	不順	1　2　3　4　5	順利
2.成員之參與態度	消極的	1　2　3　4　5	積極的
3.學員之協調性	不協調	1　2　3　4　5	很協和
4.學員間信賴關係	似乎不太信任	1　2　3　4　5	極爲信任
5.學員間之合作關係	不協調	1　2　3　4　5	很協調

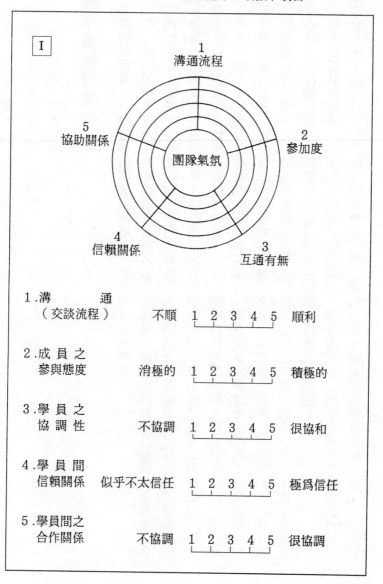

圖 3 — 4 —(ii)　雷達圖（Ⅱ成員狀況）項目

Ⅱ

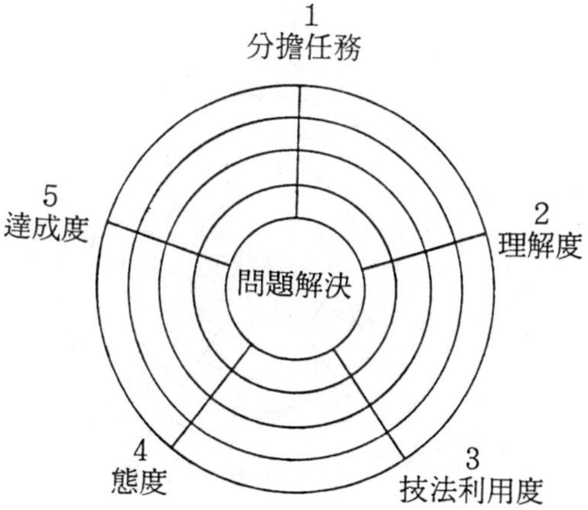

1.分擔任務	不明確	1 2 3 4 5	明確
2.課題理解程度	不太理解	1 2 3 4 5	很理解
3.使用方法之適切度	不適切	1 2 3 4 5	很適切
4.參加態度	消極的	1 2 3 4 5	積極的
5.解決課題程度	馬馬虎虎	1 2 3 4 5	多能達成

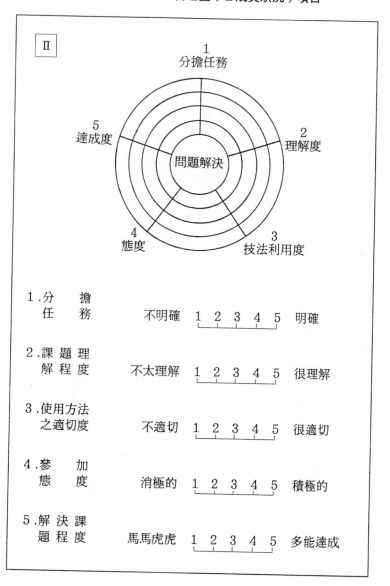

圖 3－4－(iii)　雷達圖（Ⅲ營運狀況）項目

Ⅰ

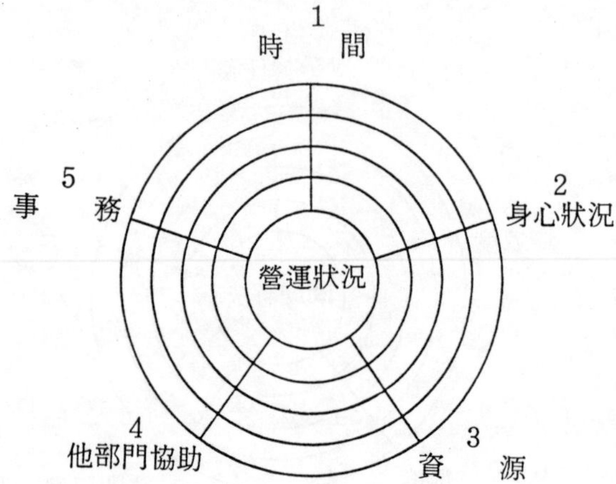

1.時間分配　不適切　1 2 3 4 5　適切

2.成員身心狀況　不太健康　1 2 3 4 5　很健康

3.資源之活用　不具效果　1 2 3 4 5　很有效地活用

4.他部門之協助　不太合作　1 2 3 4 5　很合作

5.事務效率　無效率　1 2 3 4 5　有效率

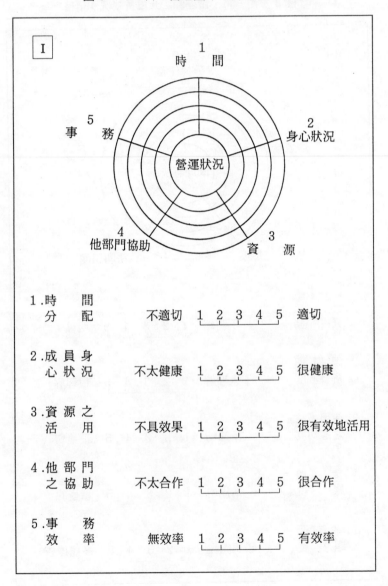

圖 3－4－(iv)　雷達圖（IV成員狀況）項目

IV

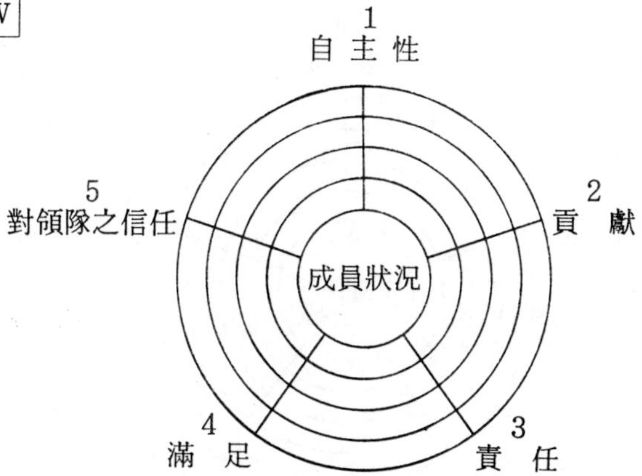

以問卷方式進行組之會談

1.你是以積極態度參加	不是	1　2　3　4　5	是
2.你對組貢獻程度	全無	1　2　3　4　5	有貢獻
3.你對組盡到什麼責任	全無	1　2　3　4　5	有責任
4.你對組的活動如何	全無	1　2　3　4　5	很滿足
5.你信任領隊到什麼程度	不信任	1　2　3　4　5	很信任

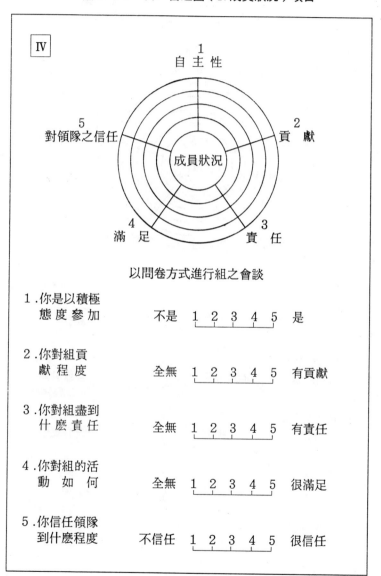

圖3—4—(v)　雷達圖（Ⅴ雷達狀況）項目

V

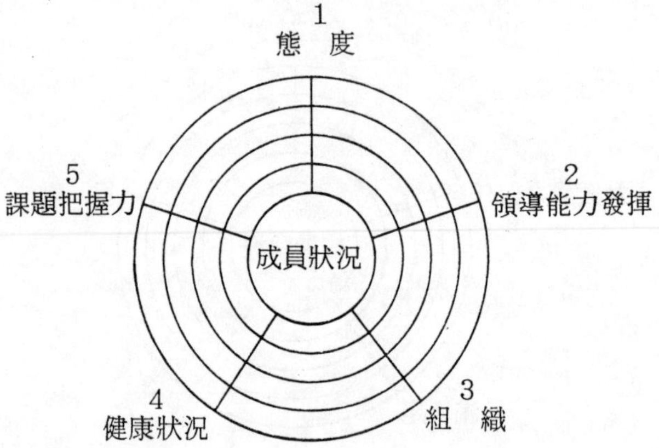

1.態　　度

消極的　1　2　3　4　5　積極的

2.領 導 能
　力 發 揮

不具效果　1　2　3　4　5　有效發揮

3.與公司上司
　等 之 關 係

不太連繫　1　2　3　4　5　具有連繫

4.健康狀況

不甚佳　1　2　3　4　5　極佳

5.課題把握力

對課題不太理解　1　2　3　4　5　對課題很理解

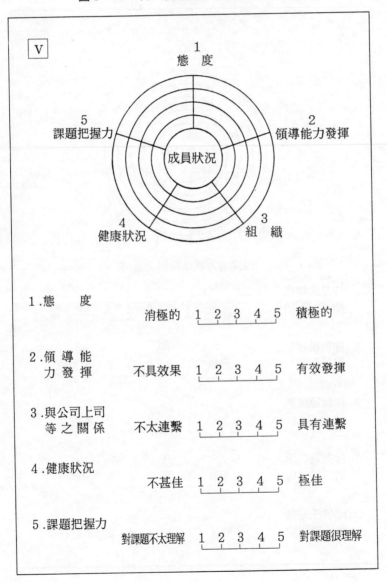

算出五項之平均分數，再求得整體之平均分數，也是一種可行方法。同時，按五項的各項目，將其圈上○印之數並列出來，會發現有高、低懸殊的評價現象。在這情形下，就必須要求敍述其理由，除了能了解所有學員參與遊戲的心態外，並能有效地掌握整個團隊的過程。同時，也能於同一數字的結果作為評價中，發現每個人的理由或印象都各有不同。

此種整理方式即是透過自由交談。在檢討過程之機會時，作為人際關係和團隊之形成，或對團隊精神的想法參考，均有裨益。

③**全體之檢省**　學員記在圖裡的平均值，如圖3—3般的，除了可與領隊自己所記錄圖之比較外，也可以其之印象或感想來作全體之整理。如此對過程的說明更為具體完善。這種方法於後詳述之。

團體是由許多人之集合而成。這就如同冰山，它是由看得見的海面和隱藏在海面下的部分形成的。團體所能看到的部分也是學員間合理往來的部分，以理論為優先條件的。而隱藏於深處看不見的，是無法以道理說明之人際關係，此乃只注重情緒方面為第一步；也可解釋成真誠地來往的人際關係。有了這層關係才能造成一股強壯力量；意即加強連帶意識、同志之結合是無法以語言或合理的解說之意。

團隊發揮其堅強之力量進行活動時，是其合理的一面促成其採取行動；但是若團體活動產生阻礙時，學員間會造成不協調與排斥之氣氛，導致團隊精神之潰散。反之，整體若能建立隱藏部分之連帶關係，亦即含有非理性之約束力，即使在解決課題與合理性方面發生矛盾衝突，團隊也不會因此崩潰，反而更加強全體之團結力量，而且也能培養出因應之道來。這才符合團結力與熱能之說。

有些團體於外表看似十分和諧，其實內部欠缺穩固之基礎，這就注定要遭受崩裂之命運了。因此，雖然從外表看不出所以然，但若能加強學員之連帶歸屬感，一直不斷地檢討反省進行過程，便能形成相互容忍和信任之關係。由此可知，藉著遊戲之學習，最重要的就是過程之回饋，並建立其牢不可破的團結力量了。

無論如何，在在表示身為領導者之任務，不但需向學員傳達重視過程所具有之意義，而且非身體力行不可。

3 領導者的哲學

透過遊戲以改善人際關係，或使得團隊精神之提高，基本上是以領導者自身對整個團體活動抱持之觀點、態度等問題，大體上可謂為領導者之哲學。為何需做這些活動呢？領導者需有什麽使命感等，這些就是命題之動機。所以非明確自己的觀念，是為推動其更能積極地發揮領導能力之原動力。在此，就以領導者之心得，列舉諸點作為加深哲學概念之理解的說明。

1. 何謂職場

職場是什麽？它是工作上班的地方，而非休閒場所。而且必須將所有時間用之於工作。那又為何需要工作呢？就是為了賺錢。有錢才能過寫意的生活。亦即為獲得薪資，才去職場上班的相對價值觀。

我們於一天中，約有八小時被約束於工作上。同時這一段時間，也是人們活動最為活潑的時間帶。換句話說，就是將一天中的黃金時間用在職場上，也是以時間來換取金錢的方式。更徹底地說，即是提供自己的技術與熱能，以及時間，其代價便是獲得金錢，形成所謂換金勞動觀的手段之職場觀。但需以最低的勞力，換取最大的報酬，才是最理想的方法。可是，只看成是賺錢的手段，就缺乏積極自發性的工作概念了。

勞動的結果獲得金錢，使生活得以改善進而享受生活的觀念，是目前社會的生活態度。而縮短勞動時間即是這種態度的延伸。

不管如何，一天工作八小時已是不爭之事實。但也不禁令人懷疑，花去一天三分之一的時間在工作上，以獲取金錢的方式，究竟有何意義存在，甚至包括強迫將此黃金時間耗在職場，其真正的目的何在等。既然都需要花八小時，何不把這時間用來和周遭人多交流，透過工作更增進彼此的感情，使得人生更富有意義呢？而且應視透過辛苦工作所換得的薪資是一種成果，並體會到由於時間的過程，以及彼此的協調，努力去營造出具有創意之工作，才不枉費人生之真諦。

是故，學習職場人際關係，並加深互相之溝通後，也能獲得更高之薪資等，不但表示重視其勞動過程，對其成果也能得到滿足感的工作觀念才是最重要的。可說是以「生活勞動觀」為基本的職場觀。

教育訓練的目的，是依靠遊戲加深學員間之了解認識，以透過過程形成之團隊精神，去參加團體活性化之活動為理想目標。其意味著身為領導者，應確立自己的職場觀乃是不可或缺的要素。

2. 何謂團體

為了整理職業團體各組之想法，自己本身需要有主見。集團即是由各個人集合而成，也即「以和而成團體」之意；就好像積木之層層堆積，由此產生有秩序的集團。

然而，擔任領隊者，更需具備積極獨特的見解；因為一個團體並非僅止於「和」之單純加法而已，而應是乘法之「積」，甚而衍生出乘法之力量出來。

熱力學有二法則。將有溫度差之物體放入一容器內，它們會互相對流的現象。以熱水鍋為例吧！在平型鍋裡有二個水管，在外的鍋水沸騰時，上面的管子會將熱水導流進鍋裡，而由下面的管水送冷水進鍋裡，再行燒熱。熱水鍋即是利用水之對流使水沸騰，而能源作用致使溫度差的高低消失；這也就是以熱力學的法則原理，使水產生對流。若溫度差消失時，對流也隨之不見；此即溫度差的物體一體化，而使差距消失的。俟到達同一溫度後，彷彿能源也都喪失了一樣，這現象就叫做熱力學第二法則。

不過，熱力學是很奇妙的，它具有抗拒不同分子，使其同一化相反作用，意即互為排斥之熱能。抗拒熱力學的第二法則而產生新秩序，這使得熱能消失，一樣化的第二法則等於是無了。（Entropie）熵之最大限度可利用於使熱能消逝，而秩序和組織也隨著無影無蹤；這就是出現了反抗熱能之故。

這也可將之比喻為團體。若是以「和」的團體親密和氣一體化，也能了解各自任務，便能透過情感交流而加強了。也可稱之為加強同質性之共同團體。若以統一性為之說明，就是能源消失，活動亦即停止狀態。這現象常可見於極為和諧的團隊中，這是因為這種團體欠缺穩固基礎所致。

反之，若人際關係是「積」之形成，已經過同質性強化傾向後，即使遭到相反的熵之作用，它也能賦予即將瓦解之團體以生機，這在在證明熵之反作用的功效。由此可見，在所有成員得以發揮、積極參與的情況下，「積」之集團活動才能成立。

要領導學員獲得一體感，而發揮同質性之作用，需依靠領導者具有獨特之領導能力和團體觀。是故，領導者應有這種遊戲的學習，必須在彼此尊重下，促進學員自由參與而積極的條件，才有推動整個活動力的體認。

3. 何謂積極態度

領隊於遊戲進行，改善職場人際關係中，必須先對何謂積極態度有所認知。積極態度是含概有自發性、主體性之一面。在職場裡，容易形成是因受雇用，或彼此簽訂契約，所以有一種只是順從上司命令的風尚。但這是被動的，只是如牛馬般被迫於工作，一如機器人。

身為領導人物，其所抱持之態度絕不能如此被動而消極的。反而應培養其獨特之創造能力出來。所謂積極的態度需先肯定外界賦予之條件與狀況。但也並非一切都予以肯定，而是只要作某些改善即能提昇推動力，或否定一部分，也能獲得大幅改善情形者謂之。若發現事情具有推動之前瞻性，便能掌握住未來方向者，即表示其具有較為樂觀的人生觀，身擔領導者，就被要求他是個有創造樂觀進取的人。

如果能以積極、進取之態度方式生活，必然會開拓出嶄新的局面。當然，這和自己努力去尋找人生真諦態度雷同。這就是憑著 plan—計畫、do—做、See—觀察三種機能，靠自己的力量去計畫、實踐、評價後，再擬定出一套新計畫出來的態度。

擬定目標時，應了解目的有三大類。第一，是理想的計畫目標。這雖是渴望得到目標，也許無法達成，但卻意謂其有方向的目標。第二是現實的目標。和理想目標互為比較，它需要達成目的才行；只要稍加努力，便能達成目標，也具有滿足感。所以必須切實計畫，付諸實現，才有達成目標積極性。而教育訓練者的領導能力關鍵也在此—實現可能的目標予以計畫實踐之。

若目標完成後，需加以檢討，找出這計畫與實施階段的問題要因，更易擬定下次的新企劃方案。另一面，雖策畫有實現可能，也付諸行動，卻終究未予達成時，也需仔細反省其過程，造成阻礙之原因何在，確證其由之後，對日後擬定新方案有極大的好處。第三目標則是為達成第二目標的手段。亦謂為達成實踐性目標，所需經過之目標；這和平時所準備的工作或活動息息相關。

問題是在第二目標設定計畫與實施、評價。假設領導人具有創意之技巧，在於實踐完成後獲得滿足感時，又能與下一個階段連貫一氣，才能產生積極的態度。但是，計畫和實踐相距甚遠時，就不可能會湧出創意出來了。

因此之故，需設定具有可以付諸實現之目標，同時又能靠一己之力去推動時，教育訓練方才富有新意。一般言之，遊戲多半被定型化了，不過認為它只是有趣和新鮮感罷了。因此，導致其與原來意旨相悖，只成了很單純的技術這點，則有賴於領導者以其具有積極的態度，和創意之技巧精神，讓參與者能獲得確實之學習效果，乃是刻不容緩之務了。

後記

每當早晨一睜開雙眼，便發現自己又擁有新鮮的24小時時間，委實是令人不得不為之珍惜。阿爾德・貝納魯說——這些是寶貴的財產。而時間之寶貴與不可思議，身為現代人者益發能深刻體會的。導入勞動時間縮短、生涯學習之出現、以及新進 Flex-time—彈性時間等制度，即是認為時間觀念需要加以革新。對於「以固定收入，如何生活」的話題，以及對如何作量入為出的方法，各方曾有過數度的檢討過，但卻忽略了也該討論如何以有限的時間，從事於工作的問題。然而，目前已愈來愈注意到應如何於工作上建立有效地運用時間的情形了。

職場團體的活動和人際關係，已經成了企業殘活之戰術，亦被使用於降低成本，和提高生產效率的有力手段。但是，現在是以每個人為主體的工作觀念，讓生活更趨充實，才得以推進勞動生活的時代。對勞動的人性化，便以參加職場的企業活動為最優先了。這顯示出每個人都應將自己所擁有的時間這份珍貴的財產，加以有效運用才行。

將教育訓練遊戲活用之目的，是為能展開現代意義的工作時間的有效應用，也為了能促進團隊精神之活絡，加深情感交流，讓參與者都產生有意義的正面作用。

人不應緬懷過去，而應遠視將來。社會規範的變化，新社會觀的抬頭，就是更重視人格，以個人為主體而能積極參加團體活動為前提了。期待能創造出更符合於未來社會價値觀的時代。而所嘗試進行之遊戲學習方式，也是朝社會潮流尖端前進，瞻望未來，以創造具有跟隨時代的生活態度。

心理學家威廉，詹姆斯說過「人若改變了態度和心情，人生觀也改變了。」若時時檢視時代需求或自身態度，就可能湧出新熱能和積極的人生；因而在團隊彼此交換中，也能製造些新熱能出來。

秉持「今天比昨天好，明天比今天更好」的信念，能於日常生活中不斷地努力，求取更積極的意志與態度，邁向嶄新的人生旅程，確實是不容忽視之課題。

我們在工作崗位上，過著稱之為勞動的「時間」。所以衷心希望各位能建立以自己為主體，而又具有意義的充實生活。

第15頁數字問題解答（答案不限左列，讀者可自由發揮）

㈠11＝足球賽人數
㈡88＝八月八日父親節
㈢18＝未成年年齡
㈣24＝一日的小時數
㈤37＝人體基本體溫限度
㈥60＝一甲子六十年
㈦99＝九九重陽節
㈧166＝氣象報告台
㈨177＝報時台
㈩112＝障礙台
(十一)365＝一年日數（平年）
(十二)123＝一月二十三日自由日
(十三)747＝波音飛機
(十四)1013＝一氣壓之毫巴數
(十五)928＝九月二十八日教師節

企業教育訓練遊戲

ISBN 957-557-036-7

編 著 者／楊　宏　儒
發 行 人／蔡　森　明
出 版 者／大展出版社有限公司
社　　址／台北市北投區（石牌）致遠一路2段12巷1號
電　　話／（02）28236031・28236033・28233123
傳　　真／（02）28272069
郵政劃撥／01669551
網　　址／www.dah-jaan.com.tw
E－mail／service@dah-jaan.com.tw
登 記 證／局版臺業字第2171號
承 印 者／國順文具印刷行
裝　　訂／協億印製廠股份有限公司
排 版 者／千兵企業有限公司
初版1刷／1990年（民79年）12月
2版1刷／2004年（民93年）8月

定價／180元

一億人閱讀的暢銷書！

4～26集　定價300元　特價230元

品冠文化出版社

地址：臺北市北投區
　　　致遠一路二段十二巷一號
電話：〈02〉28233123
郵政劃撥：19346241

推理文學經典巨著，中文版正式授權

名偵探明智小五郎與怪盜的挑戰與鬥智

名偵探柯南、金田一都讚嘆不已

日本推理小說鼻祖—江戶川亂步

1894年10月21日出生於日本三重縣名張〈現在的名張市〉。本名平井太郎。
就讀於早稻田大學時就曾經閱讀許多英、美的推理小說。
畢業之後曾經任職於貿易公司，也曾經擔任舊書商、新聞記者等各種工作。
1923年4月，在『新青年』中發表「二錢銅幣」。
筆名江戶川亂步是根據推理小說的始祖艾德嘉・亞藍波而取的。
後來致力於創作許多推理小說。
1936年配合「少年俱樂部」的要求所寫的『怪盜二十面相』極受人歡迎，
陸續發表『少年偵探團』、『妖怪博士』共26集……等
適合少年、少女閱讀的作品。

1 ～ 3 集　定價300元　試閱特價189元